# FERRAILLEURS DES MERS

Du même auteur
*aux Éditions J'ai lu :*

La fille automate, *J'ai lu* 10364
Ferrailleurs des mers, *J'ai lu* 10819
Les cités englouties, *J'ai lu* 11049
La fille-flûte, *J'ai lu* 11232
Water Knife, *J'ai lu* 12101

# PAOLO BACIGALUPI

# FERRAILLEURS DES MERS

ROMAN

Traduit de l'anglais (États-Unis)
par Sara Doke

J'AI LU

Collection dirigée par Thibaud Eliroff

Retrouvez-nous sur Facebook :
www.facebook.com/jailu.collection.imaginaire

*Titre original :*
XXXX

*Pour Arjun*

# Chapitre 1

Nailer rampait dans une conduite de service pour en arracher le câblage électrique, soulevant un nuage de fibres d'amiante et de déjections de souris chaque fois que le câble se détachait. Il progressait en faisant sauter les agrafes d'aluminium qui retenaient le câblage. Les attaches tintaient dans le conduit étroit comme des pièces offertes au Dieu Ferrailleur, et Nailer fouillait le sol pour les ramasser et les enfourner dans le sac en cuir qu'il portait à la ceinture. Quand il tira une nouvelle fois sur le câblage, un bon mètre du précieux cuivre se libéra entre ses doigts dans un nuage de poussière.

La peinture LED décorant le front de Nailer éclairait le passage d'un vert pâle phosphorescent. Le sel de sa propre sueur mêlée de poussière lui piquait les yeux et gouttait sur son masque filtrant. D'une main couverte de cicatrices, il essuya les rigoles salées en faisant bien attention de ne pas effacer la peinture LED. Le marquage lumineux le démangeait et le rendait fou, mais il n'avait aucune envie de devoir retrouver son chemin à l'aveuglette dans le labyrinthe de conduites. Il résista donc à l'envie irrépressible de se gratter et vérifia une nouvelle fois sa position.

Des tuyaux rouillés disparaissaient dans la pénombre. Un peu de fer, un peu d'acier – les équipes de lourds s'en occuperaient. Nailer ne se souciait que des trucs faciles à transporter – le blanc : le câblage en cuivre, l'aluminium, le nickel, les attaches d'acier qu'il pouvait entasser dans sa besace et traîner dans le conduit pour rejoindre l'équipe de légers qui l'attendait dehors.

Il se redressa pour reprendre sa progression et son crâne heurta le plafond trop proche, provoquant un bruit sourd qui résonna dans la conduite, comme si Nailer s'était trouvé à l'intérieur d'une cloche d'église chrétienne. La poussière cascada sur ses cheveux et s'insinua sous les bords mal ajustés de son masque filtrant. Il éternua, une première puis une seconde fois, la larme à l'œil. Il retira le masque pour s'essuyer le visage et le remit en place, souhaitant sans beaucoup d'espoir que la bande autocollante fasse son effet.

Offert par son père, le masque était de deuxième main. Il démangeait et tenait mal en place parce qu'il n'était pas à la bonne taille, et, sur un côté, on pouvait lire « À jeter après 40 heures d'utilisation », mais comme ses compagnons, Nailer n'en possédait qu'un. Alors il s'estimait chanceux de disposer de celui-ci, même si les microfibres commençaient à se déliter après de nombreux lavages dans l'océan.

Sloth, son équipière, se moquait de lui chaque fois qu'il le nettoyait – elle ne comprenait pas pourquoi il se fatiguait à le faire. Elle prétendait que le masque était inutile et que ça rendait le travail dans les conduites encore plus étouffant et inconfortable. Nailer pensait parfois qu'elle avait raison. Mais la mère de Pima insistait pour que sa fille et lui en portent quoi qu'il arrive, et il n'y avait qu'à juger de l'épaisseur de crasse noire accumulée sur les filtres quand il plongeait l'objet dans l'océan, pour comprendre que c'était ça de moins qui pénétrait dans leurs poumons. Alors Nailer gardait le masque, même s'il avait l'impression d'étouffer chaque fois qu'il aspirait l'air tropical humide à travers les filtres détrempés par sa propre respiration.

Une voix résonna dans le conduit :

— T'as le câble ?

Sloth. Qui l'attendait dehors.

— Presque !

Nailer rampa encore un peu et arracha de nouvelles agrafes pour libérer plus de cuivre. Le passage s'enfonçait plus loin, mais Nailer en avait assez. Il tailla le câblage avec les crans de son couteau de travail.

— C'est bon, cria-t-il.

La réponse de Sloth se répercuta jusqu'à lui :

— J'y vais !

Le câble ondula violemment et se mit à serpenter dans les vides sanitaires, soulevant des nuages de poussière. Loin de là, de l'autre côté du labyrinthe de conduites, Sloth faisait tourner la bobineuse, la sueur scintillant sur sa peau, ses cheveux blonds collés à son visage. Elle enroulait le câble comme une nouille de riz dans un bol de soupe de chez Chen.

Avec son couteau, Nailer grava le code de l'équipe de légers de Bapi à l'endroit où il avait sectionné le fil de cuivre. Le symbole était assorti aux entrelacs tatoués sur sa joue, les marques qui lui permettaient de travailler dans les épaves. Nailer prit une pincée de peinture en poudre dans sa paume et cracha dedans pour la mélanger à sa salive, avant de l'étaler sur la gravure. À présent, son griffonnage émettait une lueur iridescente visible de loin. Il utilisa le reste de la peinture pour inscrire avec son doigt une série de chiffres, sous le symbole : LC57-1844. Le code du permis de Bapi. Personne n'allait s'approprier cet espace, mais il était préférable de bien marquer son territoire.

Nailer ramassa les dernières agrafes et se précipita à quatre pattes vers la sortie du labyrinthe, en évitant les passages où le métal affaibli ne supporterait pas son poids, attentif à l'écho de ses propres bruits, tous les sens à l'affût du moindre signe de rupture de la conduite.

La peinture LED sur son front lui révélait les traces du câble qui l'avait précédé. Il rampa par-dessus les corps momifiés de rats et les vestiges de leurs nids. Même ici, dans le ventre d'un supertanker mis au rebut, il y avait des rats, mais ceux-ci étaient morts depuis longtemps. Il frôla aussi des os de chats et d'oiseaux. Des plumes voletaient dans l'air. Les conduites d'accès étaient un cimetière pour toutes sortes de créatures perdues, même près du monde extérieur.

Devant lui, le ciel flamboyait. Nailer plissa les yeux et se hissa vers la lumière. Il se disait que cette escalade vers le soleil avant d'être recraché par la conduite sur le pont de métal brûlant ressemblait à une nouvelle naissance selon le Culte de la Vie.

Il arracha son masque, hors d'haleine.

Le soleil tropical aveuglant et la douce brise de l'océan l'inondaient. Tout autour de lui, des disqueuses faisaient hurler l'acier, tandis que des essaims d'hommes et de femmes s'agitaient sur le supertanker pour le désosser. Les équipes de lourds découpaient des panneaux d'acier avec des chalumeaux à l'acétylène et les balançaient par-dessus bord. Les panneaux tombaient comme des feuilles de palmier et s'écrasaient sur le sable de la plage, où d'autres équipes attendaient pour les traîner au-delà de la limite qu'atteindrait la marée haute. Des équipes de légers comme celle de Nailer récupéraient la bigaille, les petites pièces comme le cuivre, le bronze, le nickel, l'aluminium et l'acier inoxydable. D'autres chassaient les poches de pétrole et les cuves à écoper. C'était une vraie fourmilière, grouillante d'activités dévolues à la transformation de l'ossature du bâtiment échoué en quelque chose d'utilisable dans le monde nouveau.

— Tu as pris ton temps ! s'exclama Sloth.

Elle bataillait avec les fermetures de leur rouleau, pour le libérer du moyeu de la bobineuse. Sa peau pâle scintillait dans le soleil, et ses tatouages de travail étaient presque noirs sur ses joues. La sueur glissait sur sa nuque. Ses cheveux blonds étaient coupés court, un peu comme ceux de Nailer, pour qu'ils ne s'accrochent pas aux milliers de crevasses et de fragments de machines qui parsemaient leur lieu de travail.

— On est très profond, répondit Nailer. C'est un vrai dédale, il faut beaucoup de temps pour tout récupérer.

— Tu as toujours une excuse.

— Arrête de te plaindre. On remplira notre quota.

— Il vaudrait mieux, répliqua Sloth. Bapi dit qu'une nouvelle équipe de légers achète des permis de ferrailler.

Nailer grimaça.

— Sale surprise !

— Ouais. C'était trop beau pour durer. Donne-moi un coup de main.

Nailer se plaça de l'autre côté du rouleau. Ils le soulevèrent en grognant pour le détacher de la bobineuse, le faire basculer sur le côté et le laisser tomber sur le pont rouillé. Épaule contre épaule, jambes fléchies, dents serrées, ils s'arc-boutèrent et la bobine commença doucement à rouler. Les pieds nus de Nailer brûlaient sur le pont métallique chauffé par le soleil. L'inclinaison du vaisseau les obligeait à user de toutes leurs ressources mais, sous leurs efforts combinés, le rouleau avançait lentement, crissant sur la peinture protectrice écaillée et les plaques de métal disjointes.

Depuis le pont du tanker, Bright Sands Beach s'étirait au loin, étendue goudronneuse de sable et de flaques d'eau de mer, bordée des vestiges d'autres pétroliers et de cargos. Certains étaient encore entiers, comme si leurs capitaines, pris de folie, avaient simplement décidé de les ensabler avant de les abandonner. D'autres étaient écorchés, dénudés, n'offrant plus que leur carcasse d'acier rouillé. Des coques gisaient comme des poissons vidés : un poste de commandement ici, un quartier d'équipage là, la proue d'un vieux pétrolier pointant vers le ciel.

C'était comme si le Dieu Ferrailleur était descendu parmi les vaisseaux, tailladant et hachant, découpant en morceaux les énormes structures d'acier, avant de laisser leurs cadavres s'étaler derrière lui. Et, où que reposent ces immenses tankers, des gangs de ferrailleurs comme celui de Nailer grouillaient comme des mouches. Arrachant la viande de métal et ses ossements. Traînant la chair du vieux monde le long de la plage pour rejoindre les centres de pesage et les hauts fourneaux de recyclage qui brûlaient 24 heures sur 24, 7 jours sur 7, pour le profit de Lawson & Carlson, l'entreprise qui transformait le sang et la sueur des ferrailleurs en argent liquide.

Nailer et Sloth s'arrêtèrent un instant, haletants, appuyés contre la lourde bobine. Nailer essuya la sueur de ses paupières. Loin à l'horizon, le noir huileux de l'océan devenait bleu, le ciel et le soleil s'y reflétaient. La houle blanchissait. L'air autour du jeune homme était embrumé par les émanations des hauts fourneaux, mais là-bas, derrière la fumée, il apercevait des voiles. Les nouveaux clippers. Les remplaçants de ces épaves massives qui avaient fonctionné au charbon ou au pétrole, et que son équipe et lui travaillaient à détruire jour après jour. Des voiles blanches comme des mouettes, des coques en fibre carbone, le plus rapide des moyens de transport après le Maglev, le train à lévitation magnétique.

Les yeux de Nailer suivaient un clipper qui fendait l'océan, rapide, fuselé et complètement hors de portée. Il était possible qu'une partie du blanc qu'il avait récolté se retrouve sur un vaisseau comme celui-ci, transportée en train vers les Orleans puis transférée jusqu'à la soute d'un clipper qui l'emporterait à travers les océans vers un peuple ou un pays qui pouvait s'offrir ce trésor.

Bapi possédait un poster représentant un clipper de chez Libeskind, Brown & Mohanraj. Il était attaché à son calendrier et montrait un vaisseau dont les paravoiles de haute altitude étaient entièrement déployées – des voiles qui, selon Bapi, pouvaient atteindre les jet-streams et tirer un clipper au-dessus d'une mer d'huile à plus de cinquante-cinq nœuds, survolant les vagues sur ses hydrofoils, déchirant la houle et l'eau vers l'Afrique et l'Inde, vers les Européens et le Nippon.

Nailer fixait passionnément ces voiles lointaines, avec envie, se demandant où elles allaient et si leur destination était mieux que son monde.

— Nailer ! Sloth ! Où étiez-vous passés ?

Nailer sursauta. Pima leur faisait des signes depuis le pont inférieur, elle avait l'air ennuyée.

— On t'attend, mon gars !

— Le Yaka est parti en chasse, marmonna Sloth.

Nailer grimaça. Pima était la plus âgée d'entre eux et cela la rendait autoritaire. Même leur longue amitié ne le protégeait pas quand ils n'avaient pas atteint le quota.

Sloth et lui reportèrent leur attention sur le rouleau. En grognant, ils le firent rouler jusqu'à une grue rudimentaire, le fixèrent aux crochets rouillés de la queue-de-vache, puis ils agrippèrent le câble de la grue et sautèrent sur la bobine alors qu'elle commençait à descendre en oscillant vers le pont inférieur.

Pima et les autres les assaillirent dès qu'ils touchèrent le sol. Ils détachèrent la bobine et la roulèrent jusqu'à l'endroit où ils avaient installé leur atelier de nettoyage, près de la proue du supertanker. Des serpentins d'isolant des câbles dénudés jonchaient le sol près des rouleaux de cuivre scintillant qu'ils avaient reconstitués, installés en rangées régulières et marqués du sceau de l'équipe de légers de Bapi : le même symbole qui scarifiait chacun de leurs visages.

Tous entreprirent de dérouler la bobine récoltée par Nailer et d'en séparer les fils. Habitués à œuvrer de concert, ils travaillaient vite.

Pima, le faucon, la chef d'équipe, et la plus grande d'entre eux, qui ressemblait de plus en plus à une femme, aussi noire que le pétrole et aussi dure que l'acier.

Sloth, maigre et pâle, tout en os, et en cheveux filasse et sales, dont la peau blême pelait, presque toujours brûlée par le soleil. La prochaine candidate pour les conduites lorsque Nailer serait trop grand.

Moon Girl, de la couleur du riz brun, dont la mère, prostituée dans les baraquements, était morte lors de la dernière épidémie de malaria et qui travaillait dans l'équipe avec d'autant plus d'enthousiasme qu'elle connaissait l'alternative. Ses oreilles, ses lèvres, son nez étaient décorés de fils de fer cannibalisés dont elle avait percé sa peau dans l'espoir que personne ne voudrait d'elle comme on avait désiré sa mère.

Tick-Tock, myope, les yeux toujours plissés, presque aussi noir que Pima mais loin d'être aussi intelligent. Rapide de ses doigts tant qu'on lui disait ce qu'il fallait faire, il ne s'ennuyait jamais.

Pearly, un hindou qui leur racontait des histoires de Shiva, de Kali et de Krishna, et qui avait la chance d'avoir toujours ses deux parents, lesquels travaillaient dans l'équipe de ramassage de pétrole. Les cheveux noirs, la peau sombre des tropiques, une de ses mains ne possédait plus que deux doigts à la suite d'un accident avec la bobineuse.

Et Nailer.

Certains, comme Pearly, savaient qui ils étaient et d'où ils venaient. Pima savait que sa mère était originaire des dernières îles de l'autre côté du golfe du Mexique. Pearly racontait à qui voulait l'entendre qu'il était à 100 % indien-hindou Marwari. Même Sloth disait que ses parents étaient irlandais. Nailer n'avait rien de tout cela. Il n'avait aucune idée de ce qu'il était. La moitié de quelque chose, le quart d'autre chose, une peau brune et des cheveux noirs comme ceux de sa défunte mère mais avec les étranges yeux bleu pâle de son père.

Au premier regard, Pearly avait dit qu'il avait été engendré par des démons. Mais Pearly inventait beaucoup de choses. Il disait que Pima était Kali réincarnée – ce qui expliquait pourquoi sa peau était si noire et son caractère si dur lorsqu'ils ne remplissaient pas le quota. De toute manière, la vérité était que Nailer partageait avec son père ses yeux et sa constitution sèche et musclée, et que Richard Lopez était un démon, indéniablement. Personne ne pouvait dire le contraire. Sobre, il était effrayant. Soûl, déchiré, c'était le diable incarné.

Nailer déroula une portion de câble et s'accroupit sur le pont brûlant. Il écrasa le câble de ses pinces, arracha une épaisseur d'isolant, révéla le cœur scintillant de cuivre.

Il recommença avec une autre section. Puis une autre.

Pima s'accroupit à côté de lui avec sa propre longueur de câble.

— Ça t'a pris un sacré temps pour rapporter cette cargaison.

Nailer haussa les épaules.

— Plus rien n'est à portée maintenant, j'ai dû m'enfoncer profondément dans la conduite pour trouver du cuivre.

— Tu dis toujours ça.

— Si tu as envie de me remplacer dans le trou, vas-y.

— Moi j'irai, intervint Sloth, enthousiaste.

Nailer lui dédia un regard mauvais. Pearly renifla de mépris.

— Tu n'as pas les sens d'une mi-bête. Tu te perdrais comme Jackson Boy et on ne récupérerait rien.

Sloth eut un geste vif.

— Écrase, Pearly. Je ne me perds jamais.

— Même dans le noir ? Quand toutes les conduites se ressemblent ? (Pearly cracha vers le bord du vaisseau. Il rata son coup et atteignit la balustrade.) Les équipes du *Deep Blue III* ont entendu Jackson Boy crier pendant des jours. Pour autant, ils n'ont pas pu le retrouver. Ce petit pouilleux s'est juste momifié, il est mort.

— C'est pas une bonne manière de partir, commenta Tick-Tock. Assoiffé. Dans le noir. Seul.

— Vos gueules, vous deux, intervint Moon Girl. Vous voulez peut-être que les morts vous entendent ?

Pearly haussa les épaules.

— On dit juste que Nailer remplit toujours le quota.

— Merde ! s'exclama Sloth en passant une main dans ses cheveux en sueur. Je rapporterais vingt fois plus que Nailer.

Nailer rit.

— Vas-y, alors. On verra si tu en sors vivante.

— Tu as déjà bobiné le câble.

— Écrase, alors.

Pima tapota l'épaule de Nailer.

— Je suis sérieuse pour le blanc. On a perdu du temps à t'attendre.

Nailer regarda Pima droit dans les yeux.

— J'ai rempli le quota. Si tu n'aimes pas ma façon de faire mon boulot, fais-le toi-même.

Pima serra les lèvres, irritée. C'était une suggestion vide de sens et ils le savaient tous deux. Elle était devenue trop grande, les croûtes et les cicatrices le long de sa colonne vertébrale et sur ses coudes en témoignaient. Une équipe de légers avait besoin de membres fins et de petite taille. La plupart des gosses quittaient le gang dès qu'ils atteignaient 15 ans, même s'ils s'affamaient pour rester petits. Si Pima n'était pas un aussi bon faucon, elle serait déjà sur la plage, à mendier pour manger. Elle avait gagné une année supplémentaire, peut-être, pour forcir assez et entrer en compétition avec les centaines d'autres qui postulaient pour intégrer une équipe de lourds. Mais son temps touchait à sa fin et tout le monde le savait.

Elle déclara :

— Tu ne serais pas aussi prétentieux si ton père n'était pas aussi filiforme. Tu serais dans la même position que moi.

— Ça fait au moins une chose pour laquelle je peux le remercier.

Si on se fiait à la corpulence de son père, Nailer ne deviendrait jamais bien épais. Rapide, peut-être, mais pas lourd. Le père de Tick-Tock prétendait qu'aucun d'entre eux ne serait vraiment grand à cause des calories qu'ils ne mangeaient pas. Il disait qu'à Seascape Boston les gens étaient encore grands, eux. Ils avaient beaucoup d'argent et beaucoup de nourriture. Ils n'avaient jamais faim. Ils devenaient grands et gros.

Nailer avait suffisamment senti son estomac caresser sa colonne vertébrale pour se demander ce que ce serait d'avoir autant à manger, de ne jamais se réveiller au milieu de la nuit en se mâchonnant les lèvres avec l'illusion et l'espoir de manger de la viande. Mais c'était un fantasme stupide. Seascape Boston ressemblait un peu trop au paradis des chrétiens, ou à la voie promise par le Dieu Ferrailleur si on trouvait la bonne offrande à placer sur son bûcher funéraire quand on rejoignait ses balances.

De toute manière, il fallait mourir pour y arriver.

Le travail continuait. Nailer dégageait le câble de sa gangue et laissait celle-ci tomber par-dessus bord. Le soleil les accablait tous, faisant briller leur peau. Des perles de sueur gouttaient de leurs cheveux trempés jusque dans leurs yeux. Leurs mains devenaient glissantes, et leurs tatouages scintillaient en entrelacs sur leurs visages rougis. Ils parlèrent un moment, se racontèrent des blagues, mais, petit à petit, ils se laissèrent bercer par le rythme de leur travail de cannibalisation, amoncelant le cuivre pour ceux qui avaient les moyens de se l'offrir.

— L'aboyeur arrive !

L'avertissement était venu d'en dessous, de l'océan. Tout le monde se concentra sur son travail, l'air occupé, attendant de voir qui allait apparaître en haut des marches. Ils pourraient souffler s'il s'agissait du boss de quelqu'un d'autre…

Bapi.

Nailer grimaça en le voyant enjamber la balustrade, de mauvaise humeur. Les cheveux noirs de Bapi brillaient, et son gros ventre l'empêchait d'escalader facilement, mais il y avait de l'argent en jeu, alors le connard se débrouillait.

Bapi s'appuya contre la balustrade pour reprendre son souffle. La sueur fonçait le débardeur qu'il portait pour travailler et dont le tissu était parsemé de taches rouges et brunes du curry ou du sandwich qu'il avait mangé au déjeuner. Nailer avait faim rien qu'à le regarder, mais il n'y aurait pas de repas avant le soir et ça ne servait à rien d'envier la bouffe que Bapi ne partagerait jamais.

Le regard vif et brun de l'aboyeur les scruta, guettant le moindre signe de paresse ou de manque de sérieux dans leur tâche. Même si aucun membre de l'équipe n'était oisif, ils redoublèrent d'efforts pour montrer qu'ils méritaient leur place. Bapi avait lui-même fait partie d'une équipe de légers, il connaissait tous leurs trucs pour dissimuler la fainéantise. Cela le rendait dangereux.

— Qu'est-ce que vous avez trouvé ? demanda-t-il à Pima.

Elle leva les yeux, les plissant à cause du soleil.

— Du cuivre. Plein. Nailer a découvert des conduites que l'équipe de Beauté avait ratées.

Le sourire de Bapi fit étinceler ses dents, accentuant le trou que lui avait valu la perte de ses incisives dans une rixe.

— Combien ?

Pima hocha la tête vers Nailer pour l'autoriser à répondre.

— Cent, peut-être cent vingt kilos, estima ce dernier, mais il y en a encore plus là-dessous, la pieuvre de câbles a beaucoup de bras.

— Ouais ? (Bapi hocha la tête.) Eh bien dépêche-toi de rapporter tout ça. Ne te préoccupe pas de l'écorchage. Assure-toi seulement de tout récupérer. (Il tourna le regard vers l'horizon.) Lawson & Carlson disent qu'une tempête arrive. Une grosse. Nous allons devoir quitter les épaves pendant deux jours, et j'exige assez de blanc pour que vous puissiez continuer à travailler sur le sable.

Nailer étouffa son dégoût à l'idée de retourner dans l'obscurité, mais Bapi perçut sa réaction.

— Tu as un problème, Nailer ? Tu penses qu'une tempête te permettrait de ne rien foutre ? (Bapi désigna les camps de travail entre la plage et la jungle.) Tu penses que je ne peux pas trouver une centaine d'autres bouffeurs de poux pour faire ton job ? Ces gamins-là, en bas, ils me laisseraient leur arracher un œil si ça pouvait leur permettre d'accrocher.

Pima intercéda.

— Il n'y a pas de problème. Vous voulez du câble, on en aura. Pas de problème. (Elle coula un regard en biais vers Nailer.) Nous sommes votre équipe, patron. Aucun problème.

Tous hochèrent vigoureusement la tête. Nailer se leva et tendit le reste de son câble à Tick-Tock.

— Aucun problème, patron, répéta-t-il.

Bapi fronça les sourcils.

— Tu es sûre que tu peux te porter garante de celui-là, Pima ? Je peux planter mon couteau dans son tatouage et le laisser tomber sur le sable.

— C'est un bon ferrailleur, assura-t-elle. Nous avons dépassé les quotas grâce à lui.

— Ouais ? (Bapi s'apaisa légèrement.) Bon, tu es la chef. Je ne vais pas interférer. (Il regarda Nailer.) Fais attention, gamin. Je sais comment les gars comme toi réfléchissent. Toujours à croire que vous allez faire comme le légendaire Lucky Strike. Toujours à rêver de dénicher une bonne grosse poche de pétrole, pour ne plus jamais avoir à travailler de votre vie. Ton vieux était un connard paresseux de ce genre. Regarde ce qu'il est devenu.

Nailer sentit la colère monter en lui.

— Je ne parle pas de votre père, moi.

Bapi éclata de rire.

— Quoi ? Tu veux te battre avec moi, gamin ? Tu veux tenter de me poignarder dans le dos comme le ferait ton vieux ? (Bapi caressa son couteau.) Pima se porte garante pour toi, mais je me demande si tu te rends compte du service énorme qu'elle te rend.

— Laisse tomber, Nailer, intervint Pima. Ton père n'en vaut pas la peine.

Bapi les regardait, un léger sourire aux lèvres. Sa main ne s'éloignait pas de son couteau. Bapi avait toutes les cartes en main, et ils le savaient tous les deux. Nailer baissa la tête et lutta contre sa colère.

— Je vais vous ramener du câble, patron. Pas de problème.

Bapi dédia au jeune garçon un hochement de tête éloquent.

— Plus malin que ton paternel, on dirait. (Il se tourna vers le reste de l'équipe.) Écoutez-moi tous. Nous n'avons pas beaucoup de temps. Si vous pouvez sortir le blanc avant la tempête, je vous donnerai un bonus. Une nouvelle équipe de légers arrive bientôt. On ne voudrait pas leur faciliter la tâche, non ? Hors de question !

Face à son sourire de prédateur, ils hochèrent tous la tête.

— Hors de question, répétèrent-ils.

# Chapitre 2

Nailer ne s'était jamais enfoncé aussi profond dans le tanker. Aucune marque ne luisait dans le noir, aucune empreinte ne signalait le passage d'un autre travailleur dans la poussière et les crottes de rat du conduit.

Devant lui s'étiraient trois lignes de cuivre différentes. Lucky strike ! Un coup de chance, quoi. Il pourrait peut-être réunir le quota de Bapi. Pourtant, Nailer avait du mal à s'en soucier. Son masque n'arrêtait pas de s'obstruer et, dans la précipitation, il avait oublié de renouveler son stock de peinture LED. Maintenant que l'obscurité se refermait sur lui, il le regrettait amèrement.

Il arracha du câblage. Le passage semblait se rétrécir alors que la quantité de cuivre augmentait. Il rampa plus avant. Le conduit grinçait, protestait sous son poids. Les vapeurs de pétrole brûlaient ses poumons. Il aurait bien aimé s'arrêter et s'extraire du tuyau. S'il faisait demi-tour maintenant, il se retrouverait à l'air libre en vingt minutes.

Mais s'il n'avait pas récolté assez de câble ?

Bapi ne l'aimait déjà pas beaucoup. Et Sloth était prête à lui prendre son boulot. Ses mots résonnaient encore dans sa tête : *Je rapporterais vingt fois plus que lui.*

Un avertissement. Il n'était plus seul sur le coup.

Que Pima le soutienne n'avait pas d'importance. Si Nailer ne parvenait pas à réunir son quota, Bapi l'egoïnerait, découperait ses tatouages de travailleur et donnerait sa chance à Sloth. Et Pima ne pourrait rien y faire. Personne ne méritait de rester dans l'équipe s'il ne fournissait pas sa part.

Nailer se tortilla pour avancer, stimulé par les paroles incisives de Sloth. De plus en plus de câblage se décrochait sous ses doigts. Sa LED s'effaçait. Il était isolé. Seule la ligne de fil électrique arrachée le reliait à l'extérieur. Pour la première fois, il avait peur de ne pas retrouver son chemin. Le tanker était immense, l'un des monstres de l'ère du pétrole, presque une ville flottante à lui seul. Et il était à présent profondément enfoncé dans ses entrailles.

Quand Jackson Boy était mort, nul n'avait pu le secourir. On l'avait entendu cogner sur le métal, appeler, mais personne n'avait su le localiser dans la double coque où il était enfermé. Un an plus tard, les équipes de noir, les lourds, avaient découpé une section d'acier, et les restes momifiés du petit bouffeur de poux avaient jailli telle une pilule de son blister. Aussi secs que des feuilles, ils s'étaient craquelés en tombant sur le pont. Grignotés par les rats et totalement déshydratés.

*Ne pense pas à ça. Tu ne ferais qu'appeler son fantôme.*

Le conduit se resserrait, écrasait ses épaules. Nailer se voyait comme un bouchon coincé dans le goulot d'une bouteille. Bloqué dans le noir, incapable de se libérer. Il se tortilla encore, tira sur une nouvelle longueur de fil de cuivre.

Assez. Bien plus qu'assez.

À l'aveuglette, Nailer grava le code de Bapi dans le métal avec son couteau, marquant le territoire pour la prochaine fois. Il se recroquevilla, se mit en boule, les genoux contre la poitrine, les coudes et la colonne frottant contre la paroi, pour se retourner. De plus en plus tassé, luttant contre les images de bouchon, de bouteille et de Jackson Boy mourant seul dans le noir. Se retourner. Écouter la conduite grincer en se glissant contre le métal.

Il se libéra. Hoqueta de soulagement.

Dans un an, il serait trop grand pour ce boulot et Sloth reprendrait certainement sa niche. Pour son âge, il était encore petit, mais, un jour ou l'autre, on devenait trop grand pour rester un léger.

Nailer rampa dans la conduite, enroulant le fil de cuivre devant lui. Le bruit le plus fort était celui de sa respiration difficile dans le masque filtrant. Il s'interrompit et tendit la main vers le câble, s'assura qu'il était toujours là et le guidait vers la lumière.

*Ne panique pas. Tu as arraché ce fil toi-même. Il te suffit de le suivre.*

Un bruit de course résonna derrière lui.

Nailer s'immobilisa, frissonnant. Probablement un rat. Mais il devait être énorme. Une nouvelle image s'imposa à lui. Jackson Boy. Nailer imaginait le garçon mort dans la conduite, rampant derrière lui dans le noir. L'attrapant aux chevilles de ses doigts secs et osseux.

Nailer lutta contre la panique. Ce n'était que de la superstition. La paranoïa, c'était pour Moon Girl, pas pour lui. Mais il avait peur. Soudain avide d'air et de lumière, il écarta le rouleau de cuivre. Il allait ramper jusqu'à l'extérieur, renouveler sa peinture LED et revenir pour récupérer son blanc quand il y verrait clair. Tant pis pour Sloth et Bapi. Il avait besoin d'air.

Nailer s'éloigna de la bobine. Le conduit grinçait dangereusement, protestant sous le poids de son corps et celui du métal. C'était stupide d'en récolter autant. Il aurait dû le découper en sections, laisser Pima et Sloth le tracter depuis l'extérieur. Mais il était pressé et, contre toute attente, il en avait trop récolté. Nailer s'aida de ses mains pour dépasser le rouleau emmêlé. Il ressentit une bouffée de triomphe tandis qu'il repoussait le cuivre de ses pieds.

La conduite grinça bruyamment et vibra sous son corps.

Nailer se figea.

La conduite gémissait, s'enfonçait légèrement, prête à s'effondrer. Ses mouvements de panique l'avaient fragilisée.

Il changea de position pour mieux répartir son poids et resta immobile, son cœur battant la chamade. Il s'efforçait d'écouter le métal. Le conduit retrouva le silence. Nailer attendit, aux aguets. Finalement, il se remit à ramper, se déplaçant avec délicatesse.

Le métal hurla, la conduite s'ouvrit sous lui. Tandis que son monde s'effondrait, Nailer lutta pour refermer ses doigts sur une prise. Il ne rencontra que le rouleau de cuivre. Une seconde, il resta suspendu au-dessus d'un puits infini. Le câble se déroula. Il tomba.

*Je ne veux pas être Jackson Boy. Je ne veux pas être Jackson Boy. Je ne veux pas…*

Il frappa le liquide chaud et visqueux. Le noir l'avala sans même une ondulation.

# Chapitre 3

*Nage, connard, nage connard, nage connard…*
*Nage !*

Nailer coulait comme une pierre dans le liquide chaud et puant. C'était comme nager dans de l'air épais, pas comme dans l'eau. Quelle que soit l'énergie avec laquelle il se débattait, il perdait pied, la chaleur l'entraînait, l'enfonçait plus profondément.

*Pourquoi ne puis-je pas nager ?*

Il était un bon nageur. Il n'avait jamais eu peur de se noyer dans l'océan, même quand les vagues étaient violentes. Mais, là, il sombrait. Ses mains s'emmêlaient dans quelque chose de solide – le câble. Il tira dessus, espéra qu'il était toujours attaché à la conduite.

Le fil électrique glissa entre ses doigts, lisse et gluant.

*Du pétrole !*

Nailer lutta contre la panique, il était impossible de nager dans le pétrole. Le liquide se contentait de vous avaler comme le feraient des sables mouvants. Il tira une nouvelle fois sur le câble, l'enroula autour de sa main, cessa de s'enfoncer. Il commença à se tracter pour sortir de la masse visqueuse. Ses poumons hurlaient le manque d'air. Une main après l'autre, il se hissa un peu plus haut, luttant contre le besoin de respirer, d'abandonner, de laisser ses poumons se remplir de pétrole. Ce serait tellement facile…

Il émergea de la nappe comme une baleine fait surface, le pétrole s'écoulait sur son visage. Il ouvrit la bouche pour respirer.

Rien. Rien d'autre qu'une étrange pression contre son visage.

*Le masque !*

Nailer l'arracha, haletant. Inspira. Les vapeurs de pétrole lui brûlaient les poumons, mais il pouvait respirer. Il utilisa l'intérieur encore propre du masque pour nettoyer le goudron sur ses paupières, les ouvrit. La douleur était intense, bouillante. Ses yeux se remplirent de larmes. Il cilla rapidement.

Tout était noir autour de lui. L'obscurité totale.

Il devait se trouver dans un réservoir de pétrole, peut-être une chambre de stockage ou une nappe issue d'une fuite, ou… Il n'avait aucune idée de sa position dans le tanker. Si la chance se refusait vraiment à lui, il était dans un des réservoirs principaux. Il termina de se nettoyer le pourtour des yeux et jeta le masque à présent inutile. Les vapeurs lui donnaient le vertige. Il se força à respirer par petites bouffées, toujours accroché au câble. Sa peau brûlait sous sa gangue de pétrole. Au loin, le cognement des marteaux retentissait faiblement – les travailleurs sur le vaisseau, qui ne savaient rien de sa situation.

Ses mains glissaient sur le câble. Nailer s'accrocha, tenta d'assurer une meilleure prise, passa ses coudes dans les nœuds de fil électrique. Au-dessus de lui, la conduite craqua dangereusement. Une vague de peur l'inonda. Seuls quelques mètres de câble pendant depuis le conduit l'empêchaient de se noyer, et ce n'était qu'une sécurité temporaire. Bientôt, la conduite céderait et il s'enfoncerait à nouveau, ses poumons se rempliraient de pétrole, il s'agiterait, inutilement…

*Calme-toi, espèce d'idiot !*

Nailer envisagea de réessayer de nager mais écarta cette idée. Ce n'était que son cerveau qui lui jouait des tours, qui fantasmait que le liquide dans lequel il baignait était de l'eau. Sauf que, le pétrole, c'était différent. Il ne soutenait pas le corps, il se contentait de vous avaler. Nailer avait vu un lourd se noyer comme ça. Il avait brièvement lutté, hurlant de panique, puis il avait glissé sous la surface, bien avant que quiconque puisse lui lancer une corde.

*Ne panique pas. Réfléchis !*

Nailer tendit les mains, les doigts fouillant l'obscurité, à la recherche de n'importe quoi : un mur, un objet qui flotte, une indication sur sa situation. Ses mains ne rencontrèrent rien d'autre que de l'air et du pétrole visqueux. Ses mouvements faisaient craquer la conduite au-dessus de lui. Quelque chose céda, le câble s'enfonça légèrement. Nailer retint sa respiration, s'attendant à sombrer, mais le fil électrique se stabilisa.

— Pima ! hurla-t-il.

L'écho de sa voix lui revint, se répercutant de tous côtés.

Nailer resserra sa prise sur le câble, surpris. À en juger par la réverbération, l'espace dans lequel il se trouvait était moins grand qu'il le craignait. Il y avait des parois pas loin.

— Pima !

À nouveau, l'écho revint rapidement.

Ce n'était pas un réservoir géant. C'était bien plus petit. Réconforté par l'impression d'être entouré de murs, Nailer se tendit à nouveau. Mais cette fois, au lieu de la main, il tendit un pied dans le noir.

Après deux essais, ses orteils rencontrèrent un métal rugueux. Un mur quelconque, ou quelque chose d'autre. Nailer soupira de gratitude. Un tuyau fin courait le long de la paroi. Il ne mesurait qu'un centimètre de diamètre, mais c'était déjà mieux qu'un fouillis de fils électriques pendant d'une conduite défectueuse.

Avant de changer d'avis, Nailer plongea vers le mur.

Aussitôt, la conduite céda en gémissant. Nailer s'enfonça, donna des coups de pieds et de mains pour atteindre le tuyau. Ses mains touchèrent la paroi, glissèrent, saisirent quelque chose à quoi il s'accrocha, du bout des doigts, pour se tracter. Il tremblait sous l'effort. La viscosité du pétrole ne lui facilitait pas la tâche. Nailer fatiguait trop vite pour soutenir son corps bien longtemps.

Rapidement, il se glissa le long du mur à la recherche d'un meilleur ancrage. Avec un peu de chance, il trouverait même peut-être une échelle. Il atteignit un point où le tuyau se coudait et plongeait droit dans le pétrole.

Nailer retint un sanglot de frustration. Il allait mourir.

*Ne panique pas !*

S'il commençait à pleurer, il était foutu. Il devait réfléchir, pas chialer comme un bébé, mais son esprit fonctionnait déjà au ralenti et s'éparpillait. Les vapeurs de pétrole l'étouffaient. Nailer devinait comment cela allait se terminer. Il tiendrait encore un peu, inspirant de plus en plus de poison, accroché comme un insecte sur un mur, et, à un moment ou à un autre, il glisserait.

Comment pouvait-il mourir d'une manière aussi stupide ? Ce n'était même pas un réservoir de stockage. Juste une pièce inondée de pétrole puant. C'était drôle, en fait. Lucky Strike avait trouvé une poche de pétrole qui avait fait sa fortune. Nailer en avait trouvé une qui le tuerait.

*Je vais me noyer dans du putain de pognon !*

Nailer faillit éclater de rire. Personne ne savait combien de pétrole Lucky Strike avait réussi à détourner. Il avait fait les choses lentement, il avait pris son temps, sortant seau après seau jusqu'à avoir suffisamment de pétrole pour racheter son servage et brûler ses tatouages de travailleur. Il lui en était même resté assez pour s'installer comme trafiquant d'ouvriers, leur marchandant des permis d'intégrer les équipes de lourds qu'il avait fuies à tout jamais. Ce petit peu de pétrole avait tant fait pour Lucky Strike et Nailer en avait jusqu'au cou.

— Nailer ?

La voix était faible, lointaine.

— Sloth ! (Le soulagement rendait rauque la voix de Nailer.) Je suis là, en bas ! La conduite a cédé !

Il donnait des coups de pied d'excitation et le pétrole faisait des vaguelettes autour de lui.

Un pinceau de lumière verte perça les ténèbres au-dessus de lui. Le visage de Sloth apparut par le trou dans la conduite, une traînée de peinture LED sur son front.

— Putain. Tu as merdé grave, Nailer ? demanda-t-elle.

— Ouais, terrible.

Il souriait faiblement.

— Pima m'a envoyée à ta recherche.

— Dis-lui que j'ai besoin d'une corde.

Un silence s'étira dans le noir.

— Bapi ne voudra pas.

— Pourquoi ?

Un nouveau silence, plus long encore.

— Il veut le blanc. Je dois rapporter du cuivre avant la tempête.

— Contente-toi de me lancer une corde.

— Faut remplir le quota. (Son visage phosphorescent disparut.) Pima m'a donné envoyé des trucs pour toi, au cas où je te trouve. Au cas où tu t'aies besoin d'aide.

Nailer grimaça.

— Tu vois une échelle quelque part ?

Ils restèrent silencieux un long moment en observant la pénombre illuminée par le vert des LED. Rien. Pas d'échelle. Rien qu'une pièce rouillée remplie de boue noire.

— C'est quoi ton problème ? demanda Sloth. Tu t'es cassé quelque chose ?

Nailer secoua la tête avant de se souvenir qu'elle ne pouvait pas le distinguer correctement.

— Je nage dans le pétrole. Dis à Bapi que j'ai du pétrole jusqu'au cou. Des milliers de litres. De quoi le convaincre de me faire sortir. Il y a beaucoup de pétrole pour lui là-dedans.

Encore un silence.

— Ouais ? Beaucoup ?

Nailer se rendit compte avec un frisson que Sloth la rusée calculait les avantages de la situation.

— Ne me dis pas que tu veux faire ton Lucky Strike ! s'indigna-t-il.

— Lucky Strike l'a bien fait, lui, répliqua-t-elle.

— Nous sommes équipiers, insista Nailer tentant de masquer la peur dans sa voix. Informe Pima qu'il y a du pétrole. Dis-lui que c'est une nappe secrète. Sinon, je te hanterai comme Jackson Boy et je reviendrai t'éventrer dans ton sommeil.

Silence. Sloth réfléchissait.

Nailer ressentit une soudaine bouffée de haine contre la maigrichonne affamée, perchée là-haut, qui avait tout loisir de l'aider ou de le laisser crever, qui pouvait dire à Bapi qu'il y avait beaucoup à gagner à le sauver et qui, pourtant, réfléchissait.

Il l'appela.

— Sloth ?

— Ferme-la, dit-elle. Je réfléchis.

— Nous sommes équipiers, lui rappela-t-il. Nous avons échangé un serment de sang.

Mais il savait à quel genre de calculs elle se livrait : son cerveau malin analysait la situation sous tous les angles, flairait la richesse, la nappe secrète qu'elle pourrait piller plus tard, si le Destin et le Saint de la rouille lui prêtaient chance. Il avait envie de lui crier après, de l'attraper et de la tirer vers le bas. De lui apprendre ce que c'était de mourir aspiré par le pétrole.

Mais il ne pouvait pas lui crier après. Il ne pouvait pas l'énerver. Il avait besoin d'elle. Besoin de la convaincre de l'aider à survivre.

— On pourrait garder ça secret, entre nous, proposa-t-il. Nous pouvons partager ce Lucky strike.

Un nouveau silence, puis elle se décida :

— Tu as dit toi-même que tu nageais dedans. Dès que quelqu'un te verra, il saura que tu as trouvé une poche.

Il grimaça. Elle était bien trop futée. C'était le problème avec les filles comme Sloth. Bien trop futées.

— Nous sommes équipiers, répéta-t-il mais il savait que c'était inutile.

Il la connaissait trop bien. Il les connaissait tous trop bien. Ils avaient tous eu faim. Ils parlaient tous de ce qu'ils feraient s'ils tombaient sur un Lucky strike. Et Sloth venait d'en trouver un. Ce genre de bonne fortune n'était pas simple à gérer. Sloth devait faire un pari. C'était sa chance.

*S'il te plaît*, pria-t-il. *S'il te plaît, fais qu'elle soit bonne comme Pima. Comme Pima et sa maman. Fais qu'elle ne soit pas comme papa. Destin, ne la laisse pas être comme papa.*

Sloth interrompit ses prières murmurées.

— Pima a dit que je devais bien t'accrocher. Si je te trouvais.

— Tu m'as trouvé.

— Ouais. C'est sûr. (Un froissement se fit entendre.) Voilà de la bouffe et de l'eau.

Une ombre masqua la lueur phosphorescente de son front et creva la surface à grand renfort d'éclaboussures. Un instant, Nailer vit des objets pâles flotter, puis sombrer. Il tendit une main et parvint à attraper une bouteille d'eau avant qu'elle ne disparaisse. Tout le reste était déjà englouti. L'obscurité se referma sur lui quand Sloth disparut.

— Merci de ton aide ! hurla-t-il, sarcastique, mais elle n'était plus là.

Il ne savait absolument pas si Sloth préviendrait Pima ou si elle se contenterait de sortir rapidement en tirant le cuivre, déterminée à le faire égoïner et à trouver un moyen de récupérer le pétrole pour elle toute seule. Il était évident qu'elle ne dirait rien à Bapi. Le patron appellerait ça une trouvaille de légers et garderait tout pour lui.

Ce qui signifiait qu'ils avaient des heures de boulot sur le cuivre avant la tempête… Ce qui signifiait que Nailer allait devoir attendre des heures, même si Pima savait où il était et qu'il avait besoin d'aide.

D'une main glissante, en s'aidant de ses dents, Nailer parvint à ouvrir la bouteille en plastique. Il se gargarisa avec la première goulée et la recracha, pour se débarrasser du pétrole dans sa bouche, puis il but, à grandes gorgées, vite. Il en était soudain soulagé. Il ne s'était pas rendu compte avant de sentir l'eau couler dans sa gorge à quel point il avait eu soif. Il vida la bouteille d'un trait et la laissa flotter dans le noir. S'il mourait, ce serait tout ce qui resterait de lui à la surface.

Il entendit des grattements et des raclements au-dessus de lui.

— Sloth ?

Le bruit s'interrompit avant de reprendre presque immédiatement.

— Allez, Sloth. Aide-moi.

Il ne savait pas pourquoi il continuait à essayer de la convaincre. Elle avait pris sa décision. En ce qui la concernait, il était déjà un cadavre. Il l'écouta arracher le reste du câblage. Ses doigts faiblissaient. Le pétrole lui grimpait jusqu'au menton. Destin, comme il était fatigué ! Il se demanda si Jackson Boy avait lui aussi été trahi par son équipe. Si c'était pour cela que le petit pouilleux n'avait été retrouvé qu'au bout d'un an. Peut-être quelqu'un l'avait-il laissé mourir exprès.

*Tu ne vas pas mourir.*

Mais il se mentait à lui-même. Il allait se noyer. Sans une échelle. Ou une porte…

Soudain, son cœur s'accéléra.

Si effectivement la pièce s'était accidentellement remplie de pétrole, il devait y avoir une issue. Mais elle devait se trouver sous la surface. Il allait devoir plonger et risquer de ne pas pouvoir remonter. Dangereux.

*De toute manière, tu vas te noyer. Sloth ne va pas te sauver.*

C'était la vérité. Il pouvait tenir encore un peu, s'affaiblir de plus en plus, mais ses doigts finiraient par lâcher prise et il s'enfoncerait.

*Tu es déjà mort.*

Cette pensée était curieusement libératrice. Il n'avait plus rien à perdre.

Nailer se coula le long du mur, fouillant sous la surface avec ses orteils à la recherche d'une bosse ou d'un rebord qui signalerait la présence d'une porte. La première fois, il ne trouva rien. Au deuxième essai, il se laissa glisser plus bas, le pétrole lapant sa mâchoire. Ses orteils touchèrent quelque chose. Il leva le nez vers le plafond, laissant le pétrole l'attirer plus profond, le baigner jusqu'aux joues, autour de sa bouche et de son nez.

Un rebord. Une bordure de métal.

Nailer fit courir son orteil sur le relief. Ce pouvait être le haut d'une porte, large de près d'un mètre. En soi, la bordure était déjà un soulagement. Il pouvait presque se reposer, laisser ses orteils s'y accrocher, diminuer un peu la pression sur ses doigts tremblants. Le rebord était un palais.

*Tu peux te reposer maintenant*, se dit-il. *Tu peux attendre Pima. Sloth va lui dire que tu es là. Tu peux les attendre.*

Il étouffa cet espoir. Peut-être que Pima viendrait le sauver, mais il était plus probable que Sloth ne dise à personne qu'elle l'avait vu. Il était seul. Nailer se balança sur le rebord, au bord d'une décision.

*Vivre ou mourir*, pensa-t-il. *Vivre ou mourir.*

Il plongea.

# Chapitre 4

D'une certaine manière, la boue noire du pétrole n'était pas pire que l'obscurité. Les mains de Nailer voyaient à la place de ses yeux. Il se laissa glisser plus profondément et tâtonna la bordure de la porte, lisant sa silhouette du bout des doigts.

Ses mains rencontrèrent un volant de sas.

Le cœur de Nailer fit un bond. Ce genre de fermeture était utilisé pour retenir l'eau de mer derrière une solide porte étanche si la coque fuyait. Il appuya sur le volant, tentant de se souvenir dans quel sens le tourner. Celui-ci ne broncha pas. Nailer lutta contre la panique. Tenta à nouveau d'actionner la roue. Rien. Elle ne voulait pas bouger. Et Nailer commençait à manquer d'air.

Nailer donna un coup de pied pour remonter à la surface, utilisant le volant comme appui, en priant. Quand il émergea, agitant violemment les bras, ses doigts tâtonnèrent pour retrouver le mince tuyau et l'agrippèrent miraculeusement avant qu'il ne s'enfonce à nouveau. Il s'essuya le visage comme un forcené, nettoyant son nez et gardant les yeux fermés. Il souffla à travers ses lèvres, recrachant le pétrole. Inspira une goulée d'air vicié.

Les yeux toujours fermés, il chercha à nouveau l'encadrement de la porte avec ses orteils. Pendant une seconde, il pensa l'avoir perdu, mais il sentit de la rouille s'effriter sous son pied, et un instant plus tard, il était à nouveau perché sur le rebord. Il sourit. Une porte avec une roue. Une chance. S'il pouvait seulement faire tourner cette saloperie.

De nouveaux grattements lui parvinrent de là-haut. Sloth travaillait toujours.

Il l'appela.

— Hé, Sloth ! J'ai trouvé comment sortir ! Je viens te chercher, équipière !

Les mouvements s'interrompirent.

— Tu m'entends ? (Sa voix se répercuta partout autour de lui.) Je suis en train de sortir. Et je viens te chercher !

— Ah ouais ? répliqua Sloth, moqueuse. Tu veux que j'aille chercher Pima ?

Nailer souhaita une nouvelle fois pouvoir l'atteindre et la jeter dans la nappe de pétrole. Pourtant, il garda une voix raisonnable.

— Si tu vas chercher Pima maintenant, j'oublierai que tu étais prête à me laisser me noyer.

Un long silence.

Finalement, Sloth dit :

— Il est trop tard, n'est-ce pas ? (Elle continua.) Je te connais, Nailer. Tu en parleras à Pima, quoi qu'il arrive, alors je serai virée de l'équipe et quelqu'un d'autre achètera ma place. (Elle resta silencieuse un instant.) Tout dépend du Destin maintenant. Si tu as un moyen de sortir, je te verrai de l'autre côté. Tu pourras te venger à ce moment-là.

Nailer fronça les sourcils. Cela valait la peine de tenter le coup. Il pensa à la porte sous la surface. Elle pouvait être bloquée par le goudron. Peut-être était-ce pour cela que le volant ne tournait pas. Peut-être…

*Si elle est bloquée, tu es mort. De toute façon. Ça ne sert plus à rien de s'inquiéter.*

Il inspira profondément et plongea à nouveau.

Cette fois, l'air qu'il avait emmagasiné et une idée plus précise de ce qu'il devait faire une fois sous l'eau lui permirent de trouver rapidement le volant et de prendre le temps de bien l'actionner. Il plaça fermement ses pieds sur le cadre du sas, tâtonna pour trouver la poignée. Pour ouvrir la porte, il devait d'abord desceller la roue. Il tenta à nouveau de faire tourner cette dernière, de toute la force de ses bras et de ses jambes, en luttant pour conserver une prise.

Rien.

Il passa son coude dans la roue. Il n'avait plus beaucoup d'air, mais il ne voulait pas abandonner. Il tira. Il tira encore, plus fort, le volant s'enfonçait dans le creux de son bras. Ses poumons allaient éclater.

La roue tourna.

Nailer redoubla d'efforts. Des étincelles or, bleues et rouges pulsaient devant ses yeux. Le volant tourna à nouveau, se dégagea. Il était terrifié par le manque d'air mais il resta sous la surface, luttant contre son besoin de remonter, tournant la roue de plus en plus vite jusqu'à en avoir des haut-le-cœur. Il se propulsa vers le haut, l'espoir inondait ses veines.

Pressé, à présent, il hyperventila une dernière fois, haletant dans le noir.

Plongea.

Tourner, tourner, tourner le volant, les poumons au bord de l'explosion, sans réfléchir tant était grand le besoin de sortir. Nailer actionna violemment la poignée. Une seconde, il se demanda ce qui se passerait si la porte s'ouvrait vers l'intérieur, il n'aurait jamais la force de la tirer, la pression du pétrole la maintiendrait fermée…

La porte s'ouvrit à la volée.

Nailer fut aspiré dans un torrent noir. Il s'écrasa contre un mur. Se roula en boule en dégringolant. Le pétrole rugissait tout autour de lui. Son front cogna du métal et il faillit inspirer, mais il se força à se recroqueviller encore plus, se laisser tournoyer, cogner, frapper les couloirs du supertanker comme une méduse ballottée par les vagues sur les rochers.

Il se retrouva à l'air libre.

L'estomac de Nailer lui remonta dans la gorge. Chute libre. Involontairement, ses yeux s'ouvrirent. La brûlure du pétrole et du soleil flamboyant. Un océan brillant comme un miroir, presque blanc tant la lumière était intense. Des vagues bleues se précipitant à sa rencontre, il n'avait qu'une seconde pour se retourner.

Il s'écrasa dans l'eau. Le sel de la mer l'avala. Les mouvements rythmés d'une mer huileuse. Le roulement des vagues. Nailer se propulsa vers la surface à coups de pieds. Il jaillit dans la lumière et les vagues, haletant. Il inspira profondément, emplissant ses poumons d'oxygène propre, affamé de la vie qu'il avait eu peur de perdre.

Au-dessus de lui, une brèche dans le tanker crachait encore du pétrole, marquant l'endroit où le vaisseau l'avait vomi vers l'air libre. Des torrents noirs de brut dégoulinaient le long de la coque comme des ruisseaux visqueux. Trente mètres de chute avant de frapper l'eau et il était toujours vivant. Nailer éclata de rire.

— Je suis vivant ! hurla-t-il.

Il cria encore et encore, sentant la victoire l'envahir, la terreur l'abandonner, ivre de soleil, de vagues et de gens qui l'observaient depuis la plage.

Il nagea vers le bord, riant toujours, soûl de sa propre survie. Les vagues le soulevèrent et le déposèrent sur le sable. Il se rendit alors compte qu'il avait été doublement chanceux. Si la marée n'avait pas été haute, il se serait écrasé sur le sable au lieu de plonger dans l'eau.

Nailer se releva. Ses jambes étaient affaiblies mais il se tenait debout sur la terre ferme et il était vivant. Il rit follement en voyant Bapi et Li et Rain et les centaines d'autres ouvriers qui le fixaient des yeux, abasourdis.

— Je suis vivant, leur cria-t-il. Je suis vivant !

Ils continuèrent à le regarder en silence.

Nailer allait hurler à nouveau mais quelque chose sur leurs visages le poussa à baisser les yeux.

La houle lapait ses chevilles, de la rouille et des morceaux de câble. Des coquillages et des matériaux d'isolation. Et, mélangé avec la mousse de l'océan, son sang. Il coulait le long de ses jambes en rigoles, rouge vif, avec régularité, tachant l'eau au rythme des battements de son cœur.

# Chapitre 5

— Tu as vraiment de la chance, lui dit la mère de Pima. Tu devrais être mort.

Nailer était presque trop fatigué pour répondre mais il parvint à sourire.

— Mais je ne le suis pas. Je suis vivant !

La mère de Pima ramassa une lame de métal rouillé et la tint devant son visage.

— Si cette chose avait été plus profondément enfoncée en toi, ton cadavre aurait rejoint le rivage. (Sadna le regardait avec sérieux.) Tu as de la chance. Le Destin était auprès de toi aujourd'hui. Tu aurais pu être un nouveau Jackson Boy. (Elle lui offrit le surin rouillé.) Garde ça comme talisman. Il avait envie de toi. Il voulait tes poumons !

Nailer tendit la main vers le métal qui avait failli le tuer et grimaça en tirant sur les fils de suture.

— Tu vois, dit-elle. Tu as été béni aujourd'hui. Le Destin t'aime.

Nailer secoua la tête.

— Je ne crois pas au Destin.

Mais il le dit très doucement, assez bas pour qu'elle ne puisse pas l'entendre. Si le Destin existait, il aurait choisi son père pour lui, et ça, ça aurait été une mauvaise nouvelle. Il valait mieux penser que la vie était aléatoire plutôt que d'imaginer qu'elle vous attendait au tournant. Le Destin, c'était très bien quand on était Pima et qu'on avait la chance d'avoir une bonne mère et un père assez gentil pour mourir avant de commencer à la frapper. Mais, pour les autres, il valait mieux veiller au grain.

La mère de Pima leva les yeux, son regard d'un brun profond l'étudiait.

— Alors arrange-toi avec les dieux que tu préfères. Je me fous que ce soit Ganesh à la tête d'éléphant, Jésus-Christ, le Saint de la rouille ou ta défunte mère, mais quelqu'un te protégeait. Ne crache pas sur ce cadeau.

Nailer hocha la tête, obéissant. La mère de Pima était la meilleure chose qui lui soit arrivée. Il ne voulait pas la décevoir. Sa cabane de bâches plastique, de vieilles planches et de feuilles de palme, était l'endroit le plus sûr qu'il connaissait. Ici, il pouvait toujours compter sur le partage de quelques langoustines et de riz et, même les jours où il n'y avait rien à manger, il y avait la certitude qu'entre ces murs – sous les billes bleues des yeux du Destin pendant au plafond, sous la statue tachetée du Saint de la rouille – personne n'essaierait de le frapper, de le molester, de le voler. Ici, la peur et la tension disparaissaient devant de la force de Sadna.

Nailer bougea prudemment, testant la résistance des fils et la propreté du bandage.

— Ça va bien, Sadna. Merci de m'avoir rafistolé.

— J'espère que ça te fera réfléchir. (Elle ne leva pas les yeux. Elle lavait les couteaux d'acier inoxydable dans un baquet dont l'eau rougissait.) Tu es jeune. Tu n'es accro à rien. Et tu peux dire ce que tu veux sur ton père, tu as sa ténacité de Lopez. Tu as une chance.

— Tu penses que ça va s'infecter ?

La mère de Pima haussa les épaules, faisant rouler ses muscles sous son débardeur. Sa peau noire scintillait à la lumière des bougies de la cabane. Elle avait abandonné sa propre équipe, son propre travail pour s'assurer que la blessure de Nailer serait bien nettoyée. Elle avait abandonné son quota, grâce à Pima qui avait eu l'intelligence de venir la chercher quand elle avait entendu dire que son équipier disparu était sur la plage.

— Je ne suis pas sûre, Nailer, annonça-t-elle. Tu as beaucoup de coupures. La peau est censée te protéger, mais l'eau est sale ici et tu baignais dans le pétrole. (Elle secoua la tête.) Je ne suis pas médecin.

Il blagua.

— Je n'ai pas besoin d'un médecin. J'ai juste besoin d'un fil et d'une aiguille. Recouds-moi comme une voile et me voilà refait à neuf.

Elle ne sourit pas.

— Garde tes pansements propres. Si tu as de la fièvre ou s'il y a du pus sur tes blessures, tu viens me voir. On mettra des vers dessus et on verra si ça aide.

Nailer grimaça mais opina sous son regard furieux et se redressa. Il posa les pieds sur le sol pendant que Sadna s'affairait dans la pièce unique, emportant l'eau rougie par son sang avant de revenir. Il se leva et se fraya prudemment un passage vers la porte. Il ouvrit la porte en plastique de récup' pour regarder la plage.

Même la nuit, les épaves fourmillaient de gens qui s'affairaient à la lanterne pour continuer le démantèlement. Les vaisseaux devenaient d'énormes ombres noires sous la multitude d'étoiles et le déferlement de la Voie lactée. Les lampes portatives clignotaient, oscillaient, se mouvaient. Le chant des marteaux-piqueurs et des disqueuses se répercutait sur l'eau. Les bruits réconfortants du labeur, l'air parfumé par les vapeurs de charbon des hauts fourneaux et la brise fraîche et salée venant de la mer. C'était beau.

Il ne s'en était pas rendu compte avant sa presque mort, mais Bright Sands Beach était la plus belle chose qu'il ait jamais vue. Il ne pouvait pas s'empêcher de contempler, de sourire aux gens qui se promenaient sur le sable, aux feux de bois où l'on faisait griller des tilapias péchés dans les hauts fonds, au mélange de musiques et aux cris des ivrognes dans les baraques à filles. Et tout cela était beau.

Presque aussi beau que la vision de Sloth, égoïnée à coups de pied au cul, en larmes, s'apitoyant sur elle-même pendant qu'on le recousait. Bapi avait lui-même joué de son couteau sur ses tatouages de travailleuse, il l'avait totalement désavouée. Elle ne travaillerait plus jamais comme ferrailleuse. Et probablement nulle part ailleurs. Pas après avoir renié un serment de sang. Elle avait prouvé que personne ne pouvait lui faire confiance.

Nailer avait été surpris que Sloth ne proteste pas. Il n'était pas prêt à pardonner, mais il respectait le fait qu'elle n'avait pas supplié ni tenté de s'excuser quand Bapi avait sorti son couteau. Tout le monde connaissait l'histoire. Ce qui était fait était fait. Elle avait parié et perdu. La vie était ainsi. Il y avait des Lucky Strike et il y avait des Sloth ; il y avait des Jackson Boy et il y avait des veinards comme Nailer. Les deux faces d'une pièce. On lançait sa chance dans les airs, elle rebondissait sur la table de jeu et c'était la vie ou la mort.

— C'est le Destin, marmonna la mère de Pima. Il t'a pris en charge. On ne peut pas dire ce qu'il va faire de toi.

Elle le fixait avec une expression qui ressemblait presque à de la tristesse. Il aurait aimé lui demander ce qu'elle voulait dire mais Pima passa la porte avec le reste de l'équipe.

— Hé hé ! s'exclama-t-elle. Regardez notre équipier ! (Elle inspecta ses blessures et ses sutures.) Tu vas avoir de belles cicatrices, Nailer !

— Des cicatrices de chance, intervint Moon Girl. Encore mieux qu'un tatouage du visage du Saint de la rouille.

Elle lui tendit une bouteille, un « outil à gorge », comme ils disaient entre eux.

— Qu'est-ce que c'est ? demanda Nailer.

Moon Girl haussa les épaules.

— Un cadeau de chance. Dieu te tient maintenant. Je me rapproche de Dieu.

Nailer sourit et avala une gorgée, surpris par la qualité de l'alcool qui lui brûla la bouche.

Pima éclata de rire.

— C'est du Black Ling. (Elle se pencha sur Nailer.) Tick-Tock l'a volé. Ce taré de bouffeur de poux est simplement sorti avec de la cabane à nouilles de Chen. Il n'est pas très malin mais il a la main agile. (Elle l'entraîna vers le rivage.) On a fait un feu. Allons nous soûler la gueule.

— Et le travail, demain ?

— Bapi a dit que la tempête était confirmée. (Elle sourit largement.) On peut nettoyer du câble avec la gueule de bois, pas de problème.

L'équipe se rassembla autour d'un feu de joie, fit passer la bouteille de bouche en bouche. Pima s'éloigna et revint un peu plus tard avec une casserole de riz et de haricots, et Moon Girl fit cette fois-ci à Nailer la surprise d'une brochette de pigeon grillé. Devant son air étonné, elle déclara :

— D'autres gens veulent se rapprocher de Dieu et du Destin. Des gens t'ont vu sortir du bateau. Personne n'a une chance pareille.

Il ne posa plus de questions et mangea avec avidité, heureux d'être vivant et de dîner aussi bien.

Ils burent en se passant la lame rouillée qui avait failli le tuer, envisageant la possibilité de la transformer en talisman, un bijou à accrocher à son cou. La griserie de l'alcool le réchauffait, rendait le monde encore meilleur. Il était vivant. Sa peau chantait la vie. Même la douleur dans son dos et dans son épaule lui semblait douce. Se retrouver si proche de la mort rendait la vie d'autant plus belle. Il fit rouler son épaule et savoura la douleur.

Pima le regardait, de l'autre côté du feu.

— Tu crois que tu peux bosser avec l'équipe demain ?

Nailer se força à hocher la tête.

— Écorcher du câble, c'est rien.

— On aura qui pour fouiller les conduites ? demanda Moon Girl.

Pima grimaça.

— Je pensais que ce serait Sloth. Il va falloir faire prêter serment à quelqu'un d'autre pour la remplacer. Trouver un raccroc, putain !

— Pour ce que ça change, marmonna Tick-Tock.

— Ouais, mais il y a encore des gens qui tiennent parole.

Ils tournèrent tous les yeux vers l'endroit où Sloth avait été abandonnée. Elle aurait bientôt faim et besoin de quelqu'un pour la protéger. Quelqu'un avec qui partager la récup, quelqu'un pour la couvrir quand elle ne pourrait pas travailler. Sans équipiers, la plage n'était pas un lieu facile où survivre.

Nailer contemplait les feux de bois, réfléchissait à la nature de la chance. Une simple décision de

Sloth avait fait basculer sa vie. Elle n'avait plus beaucoup d'options, et toutes étaient laides. Pleines de sang, de douleur et de désespoir. Il avala une nouvelle gorgée, se demanda s'il avait pitié d'elle malgré ce qu'elle avait fait.

— On pourrait prendre Teela, suggéra Pearly. Elle est petite.

— Elle a un pied-bot, objecta Moon Girl. À quelle vitesse peut-elle se déplacer ?

— Pour raccrocher une équipe de légers, elle se presserait.

— Je déciderai plus tard, intervint Pima. Nailer se remettra peut-être plus vite qu'on ne le pense et nous n'aurons pas besoin d'un raccroc pour les conduites.

Nailer sourit amèrement.

— Ou alors, Bapi pourrait m'égoïner et revendre ma place. On n'aura pas le choix dans ce cas-là.

— Il faudra me passer sur le corps !

Personne ne réagit. C'était une trop belle nuit pour la gâcher avec des spéculations de malheur. Bapi ferait ce qu'il voulait, mais il n'était pas nécessaire d'en parler ce soir.

Pima ressentait leurs doutes.

— J'ai déjà parlé à Bapi, annonça-t-elle. Nailer a deux jours de congé. Sur le quota du patron. Même Bapi veut profiter de ce genre de chance.

— Il est pas furieux que j'aie perdu tout ce brut au profit des autres équipes ?

— Ouais, c'est vrai qu'il y a ça. Mais le blanc est sorti avec toi, alors il est content. Tu as le temps de guérir. Que le Saint de la rouille m'en soit témoin.

Cela sonnait presque assez juste pour le croire. Nailer avala une nouvelle goulée. Il avait déjà entendu suffisamment de promesses d'adultes ne se révéler que des mots en l'air. Il ne s'attendait à rien. Il avait besoin de travailler avec l'équipe dès le lendemain et il devait se montrer rapidement efficace. Il fit prudemment rouler son épaule, avec la ferme volonté de guérir. Deux jours à déshabiller des fils seraient une bénédiction. S'il y avait quelque chose de favorable dans tout ce bordel, c'était bien l'arrivée de la tempête.

Quoique, sans la tempête, il ne serait pas retourné dans le trou une deuxième fois.

Nailer avala une nouvelle rasade d'alcool, laissa son regard errer. La nuit, les flaques de pétrole n'étaient plus visibles dans l'eau. On ne voyait que l'argent liquide de la lune se refléter à la surface. Au loin, des lumières vertes ou rouges scintillaient comme des feux follets – les feux de position d'un clipper traversant le golfe.

Les vaisseaux à voile glissaient silencieusement sur l'horizon, si vite que leurs lumières disparaissaient derrière la courbure de la Terre en quelques minutes. Il s'imagina debout sur le pont d'un clipper, oublier la plage et le boulot de léger, glisser librement et rapidement sur l'eau.

Pima lui prit la bouteille de tord-boyau des mains.

— Tu rêvasses ?

Nailer hocha la tête et détourna les yeux des lumières lointaines.

— Tu as déjà voyagé sur un de ceux-là ?

— Un clipper ? (Pima secoua la tête.) Impossible. J'en ai vu un à quai un jour : il y avait tout un groupe de mi-bêtes pour le garder. L'équipage n'aurait jamais laissé une raclure des plages comme moi s'approcher, même à la nage. (Elle fit la grimace.) Les faces de chien avaient électrifié l'eau.

Tick-Tock éclata de rire.

— Je me souviens de ça. J'ai essayé de nager mais ça chatouillait de partout.

Pima fronça les sourcils.

— Et on a dû te ramener en te traînant comme un poisson mort. Tu as failli griller.

— Je m'en serais sorti.

Moon Girl renifla de mépris.

— Les faces de chien t'auraient bouffé tout vif. C'est comme ça qu'ils font. Ils ne cuisent même pas leur viande. Ces monstres arrachent la bidoche crue, à pleines dents. Si on t'avait laissé là-bas, ils auraient utilisé tes côtes comme cure-dents.

— Écrase ! Il y a un mi-bête qui fait le musclé pour Lucky Strike… comment il s'appelle déjà ? (Tick-Tock resta silencieux un instant, perdu.) De toute façon, je l'ai vu. Il a de très grandes dents, mais il ne mange pas les gens.

— Comment tu tu peux le savoir ? Ceux qu'il mange ne sont plus là pour se plaindre.

— Des chèvres, intervint soudain Pima. Le mi-bête mange des chèvres. Quand il a débarqué sur la plage, on le payait en chèvres pour récolter du *noir*. Maman m'a dit qu'il était capable de manger une chèvre entière en trois jours. (Elle grimaça.) Mais Moon Girl a raison. Il ne faut pas se mêler des affaires de ces monstres. On ne sait jamais quand leur côté animal va se réveiller pour te bouffer un bras.

Nailer regardait toujours les lumières osciller à l'horizon.

— Tu t'es jamais demandé ce que ce serait de voguer sur un clipper ? De partir sur l'un de ces bateaux ?

— Je ne sais pas. (Pima secoua la tête.) Ce serait rapide, j'imagine.

— Sacrément rapide, suggéra Moon Girl.

— Plus rapide que tout, renchérit Pearly.

Ils regardaient tous l'océan à présent. Envieux.

— Vous croyez qu'ils savent seulement qu'on est là ? demanda Moon Girl.

Pima cracha sur le sable.

— Nous ne sommes que des mouches à rouille pour des gens comme eux.

Les lumières continuaient à filer. Nailer tenta de s'imaginer sur le pont, balancé par les vagues, éclaboussé par la vitesse. Il en avait passé des soirées à regarder des images de clippers toutes voiles dehors, des images qu'il avait volées dans des magazines que Bapi le buveur de sang gardait dans un meuble de sa cabane mais il n'en avait jamais vu de près. Pendant des heures, il avait observé ces lignes luisantes et dangereuses, étudié les voiles et les hydrofoils, admiré les surfaces lisses si différentes des épaves rouillées sur lesquelles il travaillait chaque jour. Des heures et des heures à fixer ces gens qui souriaient et buvaient sur les ponts.

Les vaisseaux lui murmuraient des promesses de vitesse, d'air salé et d'horizons lointains. Parfois, en contemplant les photos des magazines, Nailer avait rêvé pourvoir se glisser entre les pages et s'échapper jusqu'à la proue d'un clipper. Voguer en imagination pour oublier la mutilation quotidienne de sa vie de ferrailleur. D'autres fois, il avait déchiré les photos et les avait jetées, les détestant pour la faim qu'elles faisaient naître en lui, cette faim d'une existence qu'il n'avait pas su vouloir avant de découvrir les voiles des clippers.

Le vent tourna. Un nuage, noir de la fumée des hauts fourneaux, souffla sur la plage, les enveloppant de brume et de cendres.

Tous se mirent à tousser, à étouffer, à chercher l'air. Le vent tourna à nouveau, mais Nailer continua à tousser. Le temps passé dans les vapeurs de pétrole l'avait fragilisé. Sa poitrine et ses poumons étaient toujours douloureux et le goût du goudron subsistait sur sa langue.

Quand il leva les yeux, les clippers avaient disparu. La fumée des hauts fourneaux soufflait sur leur feu de joie.

Nailer sourit amèrement dans le vent âcre. Voilà ce que ça vous apportait de rêver de clippers : une bouffée de fumée, parce que vous n'aviez pas fait attention à ce qui se passait autour de vous. Il avala une nouvelle gorgée et passa l'outil à gorge à Pearly.

— Merci pour le cadeau de chance, dit-il. Je ne savais pas que le Black Ling était aussi bon.

Moon Girl sourit.

— Une putain de bonne bouteille pour un putain de connard chanceux.

— Il a de la veine, c'est clair, approuva Pima. Le connard le plus chanceux que j'aie jamais vu.

Elle inspecta les autres offrandes de chance qui s'étaient accumulées durant la nuit. Une autre brochette de pigeon que Nailer avait partagée avec le groupe, un paquet de cigarettes roulées, une bouteille d'alcool bon marché sortant de l'alambic de Jim Thompson, une épaisse boucle d'oreille en argent, un coquillage poli par la mer, un sac d'un demi-kilo de riz.

— Plus chanceux que Lucky Strike ? plaisanta Nailer.

— Pas après avoir perdu tout ce pétrole, répliqua Moon Girl. Si tu étais un Lucky Strike, tu aurais trouvé le moyen de le récupérer au lieu de le gaspiller. Tu serais un homme riche. Tu posséderais la plage.

Les autres grognèrent leur assentiment, mais Pima s'était figée, sa peau noire n'était plus qu'une ombre.

— Personne n'a autant de chance, asséna-t-elle amèrement. Sloth s'est perdue à rêver à qui sera le prochain Lucky Strike.

— Ouais, bon… (Nailer haussa les épaules.) Je me sens tout de même chanceux aujourd'hui.

Pima grimaça.

— Tu n'as pas seulement eu de la chance. Tu as un cerveau. Et Lucky Strike avait un cerveau aussi. La moitié des équipes là-dehors trouvent des réserves de pétrole ou de cuivre, mais aucune ne sait quoi en faire. Finalement, les aboyeurs récupèrent tout et les ouvriers se font jeter des épaves. Merde ! (Elle but une gorgée et s'essuya les lèvres du bras avant de passer la bouteille à Moon Girl qui but et toussa.) Ce n'est pas de chance qu'on a besoin ici ! On a besoin d'un cerveau.

— La chance ou le cerveau, je m'en fous tant que je ne suis pas mort.

— Buvons à ça, alors ! N'empêche, on s'excite tous à l'idée de devenir le prochain Lucky Strike et on en perd la tête. On gaspille tout notre fric au jeu, pour se rapprocher de la chance, pour atteindre le magot. On prie le Saint de la rouille pour qu'il nous aide à trouver quelque chose qu'on puisse garder pour soi. Putain, même ma mère met du riz en offrande sur la balance du Dieu Ferrailleur pour s'attirer un peu de chance, et on finit tous comme Sloth.

Pima désigna du menton la plage où les hommes des équipes de lourds avaient allumé leurs propres feux. Les filles des baraquements les accompagnaient, riaient, les taquinaient, enroulaient leurs bras si fins autour de leur taille, les poussaient à boire et à dépenser.

— Sloth est là-bas, maintenant, reprit Pima. Je l'ai vue. Rêver du prochain Lucky strike ne lui a rapporté que des coupures de honte dans ses tatouages, et une fort mauvaise compagnie.

Nailer observa les feux des lourds.

— Tu penses qu'elle va essayer de se venger ?

— C'est ce que je ferais. Elle n'a plus rien à perdre. (Elle désigna les cadeaux de Nailer.) Tu ferais mieux de trouver une bonne planque pour stocker tout ça. Elle va probablement essayer de te le voler. Elle trouvera peut-être un micheton pour la prendre sous son aile, mais personne ne voudra plus avoir à faire avec elle. Les dealers ne voudront pas d'elle dans leurs cabanes parce que les ferrailleurs n'achèteront jamais rien à quelqu'un dont les marques ont été brisées. Les culs noirs des hauts fourneaux ne toucheront jamais une parjure. Même menteuse comme elle est, il ne lui reste pas beaucoup d'options.

Moon Girl intervint :

— Elle pourrait vendre un rein. Peut-être quelques litres de sang aux Moissonneurs. Ils sont toujours en demande.

— Bien sûr. Et elle a de beaux yeux, proposa Pearly. Les Moissonneurs les achèteraient tout de suite.

Pima haussa les épaules.

— Les acheteurs médicaux peuvent sûrement la découper comme un cochon, mais quand elle manquera de pièces, elle fera quoi ?

— Le Culte de la Vie, suggéra Nailer. Ils lui achèteraient ses œufs.

— Exactement ce dont on a besoin ! (Moon Girl fit la grimace.) Des mi-bêtes qui ressemblent à Sloth !

— L'ADN de chien serait une évolution pour elle, railla Pearly. Les chiens sont loyaux, au moins.

Tout le monde éclata d'un rire lugubre. Ils plaisantèrent sur les animaux qui pourraient améliorer les gènes de Sloth : les coqs se levaient tôt, les langoustines étaient bonnes à manger, les serpents étaient parfaits pour bosser dans les conduites et, comme ils n'avaient pas de mains, ils ne pouvaient pas vous poignarder dans le dos. Chaque animal proposé était un progrès pour la créature qui les avait trahis. Le boulot de ferrailleur était trop dangereux pour travailler avec quelqu'un en qui on ne pouvait pas avoir confiance.

— Sloth va droit dans le mur, dit Pima. Mais on a tous le même problème. Peut-être pas cette année, mais ça s'approche. (Elle haussa les épaules.) Maman me nourrit deux fois plus pour que j'aie ma chance avec une équipe de lourds. (Elle hésita, tourna à nouveau les yeux vers les feux et les hommes.) Je ne crois pas que j'y arriverai. Je suis trop épaisse pour les légers mais trop fluette pour les lourds. Que va-t-il se passer ? Combien de clans acceptent des gamins qui ne sont pas les leurs ?

— C'est de la connerie, intervint Pearly. Tu ne devrais pas quitter les légers. Tu es la meilleure ferrailleuse de tout le tanker. Tu pourrais prendre le boulot de Bapi en un clin d'œil, raffermir la discipline et doubler les quotas. (Il claqua des doigts.) Juste comme ça. Tu pourrais devenir suceuse de sang, c'est clair.

Pima sourit.

— La queue est longue pour ce boulot, et je suis loin d'être en tête. Il faut avoir de gros moyens pour racheter le job et aucun d'entre nous n'a cette masse de fric.

— C'est stupide, commenta Pearly. Tu ferais un meilleur patron !

— Ouais. (Pima grimaça.) C'est là où la chance intervient, j'imagine. (Elle les regarda, très sérieusement.) Vous devriez tous vous en souvenir. Si tu as juste un cerveau ou simplement de la chance, ça vaut pas un pet de rouille. Il faut avoir les deux. Sinon on se retrouve comme Sloth, à mendier pour que quelqu'un vous trouve une utilité. (Elle avala une nouvelle gorgée, rendit la bouteille et se leva.) Je dois dormir un peu. (Elle s'éloigna sur la plage, tourna la tête vers Nailer.) À demain, Lucky Boy. Et ne t'empeule pas. Bapi se débarrassera vite de toi si tu ne viens pas suer avec le reste de l'équipe.

Nailer et les autres la regardèrent s'éloigner. La dernière bûche crépita, les éclaboussa d'étincelles. Moon Girl tendit la main dans le feu, rapide, pour pousser la bûche dans les braises.

— Elle ne pourra jamais travailler avec les lourds, affirma-t-elle. Aucun de nous ne le pourra.

— Tu essaies de nous gâcher la nuit ? demanda Pearly.

Les traits couverts de piercings de Moon Girl scintillèrent dans la lumière du feu.

— Je ne faisais que dire l'évidence. Pima vaut une dizaine de Bapi, mais ça n'a pas d'importance. Dans un an, elle aura le même problème que Sloth. Une chance ou rien. (Elle toucha l'amulette de verre bleu, dédiée au Destin, qu'elle portait autour du cou.) On embrasse l'œil de la chance et on espère que ça se passera bien, mais on est tous autant dans la merde que Sloth.

— Non ! (Tick-Tock secoua la tête.) La différence c'est que Sloth le méritait et pas Pima.

— Le mérite n'a rien à voir là-dedans, le reprit Moon Girl. Si les gens avaient ce qu'ils méritaient, la mère de Nailer serait encore vivante, celle de Pima serait propriétaire de Lawson & Carlson et je mangerais six fois par jour. (Elle cracha dans le feu.) On ne mérite rien. Sloth est peut-être une parjure, mais elle est assez intelligente pour savoir qu'on ne mérite pas les choses, on doit les prendre.

— Je ne suis pas d'accord, dit Pearly. Qu'est-ce qui nous reste sans nos promesses ? Rien ! Moins que rien !

Nailer expliqua :

— Tu n'as pas vu tout ce pétrole, Pearly. C'était le plus gros Lucky strike dont j'aie jamais entendu parler. On peut tous faire semblant de ne pas être comme Sloth, mais vous n'avez pas approché autant de pétrole de toute votre vie. Ça transformerait n'importe qui en parjure.

— Pas moi, se défendit Pearly avec véhémence.

— Bien sûr. Aucun de nous, le rassura Nailer. Mais tu n'étais pas là.

— Pima ne ferait jamais ça, dit Tick-Tock. Jamais.

Cela mit fin à la discussion parce que, quels que soient les mensonges qu'ils se racontaient à eux-mêmes, Tick-Tock avait raison. Pima ne faiblissait jamais. Elle ne vacillait jamais, et elle était toujours là pour protéger les arrières des autres. Même quand elle leur râlait dessus pour atteindre le quota, elle les protégeait. Nailer eut soudain envie de lui offrir toute sa chance. Si quelqu'un méritait une vie meilleure, c'était bien elle.

Déprimés par la conversation, les équipiers rassemblèrent les déchets de leur repas, couvrirent le feu de sable et se préparèrent à rejoindre leur famille, leur protecteur ou leur cachette sûre.

Le vent souffla sur eux, Nailer se tourna vers la brise qui fraîchissait. La tempête arrivait. Il avait suffisamment l'expérience de cette côte pour la sentir. Elle était là, elle approchait. Un grand coup de semonce. Personne ne pourrait travailler pendant au moins deux jours. Cela lui donnerait peut-être une chance de se reposer et de guérir.

Il inspira l'air frais et salé qui se déversait sur lui. D'autres feux s'éteignaient, la plage bruissait soudain d'activités, chacun remballait ses maigres possessions en attendant le changement de temps.

À l'horizon, un autre clipper glissait sur les eaux noires du golfe, ses feux de position brillaient, bleus. Nailer inspira profondément en le voyant se presser vers le port qui pourrait le protéger. Pour une fois, il était content d'être sur le rivage.

Il remonta la plage jusqu'à sa propre hutte. S'il avait vraiment de la chance, son père serait sorti boire et il pourrait se glisser à l'intérieur sans être remarqué.

La baraque de Nailer se trouvait en bordure de jungle. Entourée de kudzus et de cyprès, elle était faite d'écorce de palme et de panneaux de fer de récup' que son père avait frappés de la marque de son poing pour s'assurer que personne ne s'en empare durant leur absence.

Nailer posa ses cadeaux de chance à côté de la porte, à l'extérieur. Il pouvait presque se souvenir d'une époque pendant laquelle cette porte ne lui avait pas semblé dangereuse. Avant la fièvre de sa mère. Avant que son père se tourne vers l'alcool et la drogue. Aujourd'hui, ouvrir cette porte était toujours un pari.

S'il n'avait pas porté des vêtements empruntés, il n'aurait pas pris le risque de rentrer, mais ses affaires de rechange étaient à l'intérieur et, avec un peu de chance, son père était encore en train de picoler. Il poussa doucement la porte et avança dans la pénombre à pas de loup. Il ouvrit le pot de peinture phosphorescente et en étala un peu sur son front. La lueur verte lui permettait de percevoir les formes.

Une allumette craqua. Nailer se retourna.

Son père était appuyé sur le mur à côté de la porte, il le regardait, une bouteille de gnole quasi vide au poing.

— C'est bon de te voir, Nailer.

Pour maigre qu'il soit, Richard Lopez était un assemblage de muscles secs et d'énergie bouillonnante. Des dragons tatoués couraient sur ses bras, envoyant leurs queues s'enrouler autour de son cou pour se mélanger avec les entrelacs pâlis de ses tatouages de léger. Plus fraîches et bien plus menaçantes, toute une série de cicatrices scintillait sur sa poitrine, souvenirs de tous les hommes qu'il avait brisés quand il se battait encore sur le ring. Il avait treize balafres rouges et violentes. Sa propre douzaine, avait-il coutume de dire, avant de demander invariablement si Nailer serait un jour aussi dur que son paternel.

Richard Lopez alluma la lampe tempête et l'accrocha au plafond, oscillante. Nailer restait immobile, il essayait de deviner l'humeur de son père tandis que celui-ci attrapait une chaise et l'enjambait pour s'asseoir face au dossier. La lumière de la lanterne les gardait tous deux dans l'ombre que produisaient ses balancements, des formes menaçantes, prêtes à bondir. Lopez était chargé, bourré d'amphétamines et d'alcool. Ses yeux injectés de sang étudiaient attentivement Nailer, tels ceux d'un serpent prêt à l'attaque.

— Qu'est-ce qui t'est arrivé, bordel ?

Nailer tenta de cacher sa peur. Son père n'avait rien en main : ni couteau, ni ceinture, ni fouet. Ses yeux bleus étaient peut-être vifs, mais lui était toujours un océan de calme.

— J'ai eu un accident au boulot, dit Nailer.

— Un accident ? Tu as eu un putain d'accident stupide ?

— Non…

— Tu pensais aux filles ? le pressa son père. Tu ne pensais à rien ? Tu rêvassais, comme d'habitude ? (Il désigna vivement de la tête la photo déchirée d'un clipper que Nailer avait accrochée au mur de la hutte.) Tu pensais encore à tes putains de jolis bateaux ?

Nailer ne saisit pas la perche tendue. S'il protestait, ce serait pire.

Son père revint à la charge :

— Comment vas-tu te débrouiller si tu t'es fait égoïner de ton équipe ?

— Je ne suis pas viré. J'y retourne demain.

— Ah ouais ? (Ses yeux injectés de sang s'étrécirent, suspicieux. Richard Lopez désigna l'écharpe en loque qui bandait l'épaule de Nailer.) Avec un bras en moins ? Bapi ne fait la charité à personne.

Nailer se contraint à ne pas reculer.

— Je suis toujours bon et Sloth s'est fait découper, alors je n'ai plus de concurrence pour les conduites. Je suis plus petit…

— Plus petit que de la merde. Ouais. Tu l'as bien mérité. (Son père s'enfila une gorgée de sa bouteille.) Où est ton masque ?

Nailer hésita.

— Eh bien ?

— Je l'ai perdu.

Un silence s'installa entre eux.

— Tu l'as perdu, hein ?

Ce fut le seul commentaire de son père, mais Nailer voyait bien que des mécanismes dangereux s'étaient mis en mouvement, nourris par les drogues, la colère et cette espèce de frénésie brutale qui pouvait le prendre. Sous les traits tatoués de cet homme, une tempête se préparait, saturée de courants, de vagues puissantes èt de torrents d'eau, la météo meurtrière qui menaçait chaque jour Nailer tandis qu'il tentait de naviguer le long de la côte déchirée qu'était l'humeur de son père. Richard Lopez réfléchissait. Et Nailer devait trouver quel comportement adopter, sinon il ne s'échapperait jamais de la hutte sans avoir pris une raclée.

Il tenta une explication :

— Je suis tombé à travers une conduite dans une poche de pétrole. Je ne pouvais pas en sortir. Le masque m'empêchait de respirer. Il était plein de goudron. Foutu.

— Ne me dis pas qu'il était foutu, réagit son père sèchement. Ce n'est pas à toi de le dire.

— Bien, Monsieur.

Nailer attendit, méfiant.

Richard Lopez cogna maladroitement sa bouteille contre le dos de la chaise.

— Je parie que tu veux un nouveau masque maintenant. Tu n'arrêtais pas de te plaindre de la poussière qu'il y avait dans l'ancien.

— Non, Monsieur, répéta Nailer.

— Non, Monsieur, l'imita son père. Putain, Nailer, tu fais le malin ces derniers temps. Tu dis toujours ce qu'il faut. (Il sourit, révélant ses dents jaunes écartées comme les doigts d'une main, mais la bouteille cognait toujours le dossier de la chaise et Nailer se demanda s'il allait le frapper avec. Les yeux de prédateur de Lopez étudiaient son fils.) Tu fais vraiment le malin ces derniers temps, répéta-t-il. On dirait presque que tu es trop malin. Tu dis peut-être des choses qui ne veulent rien dire pour toi… Oui, Monsieur. Non, Monsieur. *Monsieur.*

Nailer pouvait à peine respirer. Il savait à présent que son père se préparait à le frapper pour lui apprendre le respect. Ses yeux se tournèrent vers la porte. Même défoncé, l'homme pouvait encore l'attraper. Cela se finirait par des coups, du sang et des bleus, et Nailer ne pourrait pas se présenter au boulot sans que Bapi l'égoïne.

Nailer jura, il aurait dû rejoindre la sécurité de la maison de Pima. Ses yeux revinrent vers la porte. Si seulement il pouvait…

Lopez intercepta son regard. Ses traits devinrent froids. Il se leva et repoussa la chaise.

— Viens ici, mon garçon.

— J'ai eu un cadeau de chance, lâcha soudain Nailer. Un bon. Parce que j'ai pu sortir du pétrole.

Nailer conservait une voix neutre, tentait de faire croire qu'il ignorait les intentions de son père. Il jouait l'innocent, parlait normalement, comme si la douleur, les cris, la poursuite n'allaient pas s'ensuivre.

— C'est juste là, dit-il.

*Marche lentement. Ne lui laisse pas penser que tu t'enfuis.*

— C'est juste là, répéta-t-il en ouvrant la porte et en tendant le bras à l'extérieur. (Il attrapa le cadeau de chance de Moon Girl et l'offrit à son père. La bouteille brillait à la lumière de la lampe, comme un talisman.) C'est du Black Ling. Mon équipe me l'a donnée. Ils ont dit que je devais la partager avec toi. Parce que j'ai de la chance de t'avoir.

Nailer retint son souffle. Les yeux froids de son père se posèrent sur la bouteille. Peut-être allait-il boire ? Ou peut-être allait-il le frapper avec la bouteille ? Nailer n'en savait rien. Richard Lopez était devenu de plus en plus imprévisible depuis qu'il travaillait moins en équipe et davantage dans les ombres des plages, depuis que ses drogues le transformaient en une boule de violence.

— Fais-moi voir ! (Le père prit la bouteille de la main de son fils et vérifia le niveau de liquide.) T'en as pas laissé beaucoup pour ton vieux, geignit-il.

Mais il ouvrit la bouteille et en renifla le contenu. Nailer attendait, priait pour avoir de la chance.

Son père but. Eut une grimace de respect.

— Bonne came, apprécia-t-il. (La violence s'évanouit de la pièce. Son père sourit et leva la bouteille.) Putain de bonne came. (Il repoussa l'autre bouteille dans un coin.) Bien meilleur que cette gnole.

Nailer osa un sourire.

— Content que tu l'aimes.

Son père but à nouveau et s'essuya la bouche.

— Va au lit. Tu as du boulot demain. Bapi te virera si tu t'empeules. (Il désigna les couvertures de Nailer.) Espèce de Lucky Boy. (Il sourit à nouveau.) C'est peut-être comme ça qu'on devrait t'appeler maintenant : Lucky Boy. (Ses dents jaunes de cheval se montrèrent à nouveau, soudain bienveillantes.) Tu aimes ce nom ? Lucky Boy ?

Nailer hocha la tête, hésitant.

— Ouais, j'aime bien. (Il se força à sourire plus largement, prêt à dire n'importe quoi pour que l'humeur de son père ne change pas.) J'aime vraiment bien.

— Bien, acquiesça son père, satisfait. Va te coucher, Lucky Boy.

Il but une nouvelle gorgée du cadeau de Nailer et s'installa pour regarder la tempête qui s'approchait.

Nailer tira un drap sale sur son corps. De l'autre côté de la pièce, son père marmonna :

— Tu t'es bien débrouillé.

Ces mots eurent un curieux effet de soulagement sur Nailer. Ils portaient en eux le père qu'il conservait en mémoire, quand il était petit, quand sa mère était encore vivante. Un autre temps. Un autre père. Dans la faible lumière, Richard Lopez pouvait presque être l'homme qui avait aidé Nailer à graver l'image du Saint de la rouille dans le mur au-dessus du lit de douleur de sa mère. Mais c'était il y a si longtemps.

Nailer se roula en boule, content de se sentir pour une fois en sécurité. Le lendemain serait différent, mais cette journée s'était bien terminée. Et demain pouvait se débrouiller.

# Chapitre 6

La tempête se jeta sur la côte avec la puissance implacable d'un tank du vieux monde. Des bancs de nuages énormes se formaient sur l'horizon puis balayaient le ciel vers les terres, déversant une pluie régulière. Le tonnerre grondait sur l'océan et les éclairs illuminaient les nuages, du ciel à la mer et retour.

Alors le déluge s'abattit.

Le grondement de la tempête sur les murs de bambou réveilla Nailer. Le vent et l'eau s'engouffraient par la porte ouverte, éclairés par des explosions électriques. Son père n'était qu'une ombre étalée à côté de lui, qui ronflait, bouche ouverte. Le vent tournoyait dans la maison, griffant le visage de Nailer de ses doigts glacés avant de se jeter contre le mur et d'arracher la photo du clipper. Le papier tourbillonna follement avant d'être aspiré à travers la fenêtre et de disparaître sans que Nailer puisse le rattraper. La pluie blessait sa peau, glaciale, là où les feuilles de palme s'arrachaient du toit sous les coups de boutoir du vent.

Nailer enjamba son père et tituba jusqu'à la porte. Dehors, la plage grouillait d'activité, des gens déplaçaient des esquifs pour les abriter sous les arbres, d'autres poursuivaient leur bétail. La tempête était bien pire qu'un coup de semonce, c'était peut-être même une tueuse de villes, à en juger par la manière dont les nuages tournoyaient et distribuaient les éclairs le long des épaves. Alors que la marée aurait dû être basse, les vagues qui se fracassaient sur le rivage étaient énormes. La puissance de l'ouragan augmentait à mesure qu'il se rapprochait.

Son père clamait que les tempêtes étaient pires chaque année, et Nailer n'avait jamais vu quoi que ce soit de ressemblant avec le monstre qui se jetait sur eux. Il retourna dans le taudis.

— Papa, hurla-t-il. Tout le monde rejoint les hauteurs ! Il faut qu'on sorte avant qu'il soit trop tard !

Son père ne répondit pas. Les équipes de nuit quittaient les navires. Hommes et femmes se précipitaient sur les échelles de chanvre, se balançaient et se jetaient dans la mer houleuse comme des puces sauteraient sur un chien. Illuminées par la foudre, les coques noires se découpaient sur le ciel aussi clair qu'en plein jour, puis tout disparut dans l'obscurité et la pluie déchira la plage.

Nailer fit rapidement le tour de la maison, cherchant ce qu'il pouvait sauver. Il récupéra ses derniers vêtements de rechange, la graisse phosphorescente, la boucle d'oreille en argent et le sac de riz qu'il avait reçus. Le taudis craquait de toutes parts, grinçant sous la violence du vent. Le fer-blanc et le bambou ne tiendraient pas longtemps.

À l'évidence, cette tempête était une tueuse de villes, ce que certains nommaient « briseur de fête » ou « poussée d'Orleans ». Quand Nailer regarda à nouveau à l'extérieur, tout le monde s'enfuyait vers les abris les plus solides. Des silhouettes griffant les ténèbres, pliées en deux pour lutter contre le vent et la pluie et se précipiter vers une sécurité toute relative. Chacune se pressait vers un refuge prometteur, pour certaines, il s'agissait du train de fret dont les wagons, lourds des matériaux de récup', ne devraient pas s'envoler dans les bourrasques.

Son épaule blessée hurlant de douleur, Nailer traîna toutes leurs possessions vers le corps inerte de son père et les fourra dans le drap arraché du lit, qu'il noua en baluchon. La pluie envahissait toute la cabane par le toit désagrégé et faisait luire la peau pâle de son père. Pourtant celui-ci ne bougeait toujours pas.

Nailer tira sur un bras tatoué.

— Papa !

Pas de réponse.

— Papa ! (Nailer le secoua à nouveau, tenta d'enfoncer ses ongles dans la chair décorée de dragons.) Réveille-toi !

Richard Lopez remua à peine. Profondément immergé dans l'hébétude des drogues, rien ne l'affectait.

Nailer se balança sur ses talons, pensif.

S'ils se prenaient la tueuse de villes de plein fouet, il ne resterait rien. Il avait entendu dire que parfois, un ouragan pouvait repousser la côte de deux kilomètres à l'intérieur des terres, transformer les plages et les arbres en marécage salé, une mangrove qui formait la nouvelle ligne de marée montante. Un grand coup de vent pouvait tout aussi facilement déplacer les coques des vaisseaux. Il pouvait même les faire passer entières par-dessus les taudis, même si elles ne se brisaient pas.

Nailer se redressa. Il souleva le baluchon, grogna sous le poids. Quand il atteignit la porte, le vent le frappa durement, griffant son visage de pluie, de sable et de feuilles mêlés. Les éclairs déchiraient la plage. Un poulailler roula près de lui, vide de ses oiseaux perdus dans le déluge. Nailer se retourna vers son père, des émotions contradictoires s'affrontaient en lui.

Lopez n'avait pas bougé. La chimie de son cerveau était tellement mise à mal que la tempête elle-même ne le réveillerait pas. Parfois, quand il était complètement défoncé, il pouvait dormir deux jours d'affilée. D'habitude, Nailer bénissait ce répit. Ce serait tellement plus simple…

Nailer posa le sac. Jurant contre sa propre stupidité, il plongea dans la tempête. Ce type était un alcoolo et un salaud, mais ils étaient du même sang. Ils partageaient les mêmes yeux, les mêmes souvenirs de sa mère, la même nourriture, le même alcool… C'était sa seule famille.

Dans un tourbillon de sable, de vis de cuivre et d'échardes de plastique, il courait pieds nus sur la plage vers la cabane de Pima, les débris des ferrailleurs lacérant sa peau. Des flocons de rouille, des morceaux de gaine d'isolation, un rouleau de fil de fer. Les déchets de son propre travail le frappaient comme des couteaux.

Une rafale plus violente encore le mit à genoux, une autre l'envoya à terre. Son épaule n'était plus que douleur. Une feuille de métal le frôla, comme un cerf-volant – un toit, un morceau d'épave, impossible de le savoir. Elle heurta un cocotier et l'arbre tomba, mais l'orage était si violent que Nailer ne l'entendit pas s'effondrer.

Accroupi dans le sable, il plissa les yeux sous une pluie diluvienne. La cabane de Pima avait disparu, mais mère et fille étaient toujours là, combattant la tempête, tirant des cordes, luttant pour retenir une ombre floue.

Nailer avait toujours considéré que la mère de Pima était costaude du fait de son travail avec les lourds, mais, à présent, dans l'orage, elle semblait aussi fragile que Sloth. La pluie se calma brièvement. Sadna et Pima s'accrochaient à un esquif, l'attachaient au tronc d'un arbre qui pliait sous le vent. Il y avait des débris partout. En s'approchant, il vit que Pima, qui continuait à lutter contre les éléments avec sa mère, avait une estafilade sur la joue et que du sang coulait de son front.

— Nailer ! (La mère de Pima lui fit signe de s'approcher.) Aide Pima à maintenir ce côté-là.

Elle lui jeta une ligne. Il l'enroula autour de son bras valide et tira. Pima et lui manœuvraient un côté de l'esquif, épaule contre épaule, Sadna faisait des nœuds à toute vitesse. Quand elle en eut fini, elle hurla à Nailer :

— Grimpe vers les arbres ! Il y a un creux dans les rochers plus haut ! Ce devrait être un bon refuge !

Nailer secoua la tête.

— Mon père ! (Il désigna l'ombre miraculeusement debout de leur propre taudis.) Il ne se réveille pas !

La mère de Pima regarda vers la cabane de Lopez. Ses lèvres se pincèrent.

— Eh merde ! D'accord. (Elle fit signe à Pima.) Emmène-le là-haut.

L'ombre de Sadna plongeant dans le vent, courant sur la plage au milieu des éclairs fut la dernière chose que vit Nailer. Pima le guida entre les arbres, les coups de fouet des branches basses et le rugissement de la tempête.

Ils grimpèrent à toute allure, risquant tout pour s'éloigner du cœur de l'orage. Nailer se retourna vers la plage, rien. La mère de Pima, la cabane de son père, tout avait disparu. La plage était vide, propre. Sur l'eau, le pétrole s'enflammait et rugissait malgré la violence de la pluie.

— Viens ! (Pima le tirait par la manche.) C'est encore loin !

Ils s'enfoncèrent dans la jungle, pataugèrent dans la boue, trébuchèrent sur les racines épaisses des cyprès. Des torrents d'eau les bousculaient et transformaient les sentiers de bûcheron en rivières boueuses. Enfin, ils atteignirent une petite caverne de calcaire, à peine assez large pour les contenir tous deux. Ils s'accroupirent à l'intérieur. La pluie pénétrait par l'ouverture et formait une flaque qui leur montait jusqu'aux chevilles. Au moins c'était un refuge contre le vent.

Nailer fixait la tempête du regard. C'était indéniablement une tueuse de villes.

— Pima, commença-t-il. Je…

— Chut. (Elle le fit reculer dans la cavité pour l'éloigner de l'eau.) Tout va bien se passer. Elle est forte. Plus forte qu'un ouragan.

Un arbre passa devant eux, volant comme un cure-dents lancé par un enfant. Nailer se mordit les lèvres. Il espérait que Pima avait raison. Il se sentait coupable d'avoir demandé l'aide de Sadna. La mère de son amie valait cent fois son père.

Ils patientèrent, tremblants. Pima l'attira vers elle et ils se serrèrent l'un contre l'autre, partagèrent leur chaleur, attendirent que la violence de la nature s'apaise.

# Chapitre 7

L'ouragan se déchaîna deux nuits durant, démolit la côte, arracha tout ce qui n'était pas arrimé. Pima et Nailer restèrent serrés l'un contre l'autre, leurs lèvres devenues bleues, leurs corps parcourus de frissons.

Le troisième jour, au matin, le ciel s'éclaircit. Nailer et Pima forcèrent leurs membres ankylosés à se déplier et pataugèrent dans la boue pour rejoindre un groupe hétéroclite et hébété d'autres survivants qui descendait vers la plage.

Ils franchirent les derniers arbres et Nailer se figea, abasourdi.

La plage était vide, sans un signe d'habitation humaine. Sur l'eau bleue, les ombres des vieux tankers oscillaient encore, éparpillées çà et là tels des jouets, mais il ne restait rien d'autre. La suie et le pétrole avaient disparu, tout brillait joyeusement dans la lumière tropicale du soleil matinal.

— C'est tellement… bleu, murmura Pima. Je ne crois pas avoir jamais vu de l'eau si bleue.

Nailer était incapable de parler. Lui n'avait jamais vu la plage aussi propre.

— Vous êtes vivants, hein ?

Moon Girl, tout sourire, couverte de la boue de l'abri qu'elle s'était trouvé, mais vivante. Derrière elle, Pearly et ses parents découvraient la plage, choqués par le chambardement.

— En un seul morceau. (Pima fouilla la plage des yeux.) T'as vu ma mère ?

Moon Girl secoua la tête, ses piercings brillaient au soleil.

— Elle est peut-être par là. (Elle désignait vaguement le train.) Lucky Strike distribue de la bouffe à tous ceux qui en veulent. Il fait crédit à tout le monde jusqu'à ce qu'on puisse reprendre le boulot.

— Il a réussi à sauver de la bouffe ?

— Deux wagons pleins.

Pima tira Nailer par la manche.

— Viens.

Une foule s'était rassemblée autour du train, attendant que Lucky Strike commence la distribution. Pima et Nailer l'examinèrent, un visage après l'autre, mais ne rencontrèrent pas celui de Sadna.

Lucky Strike riait :

— Ne vous inquiétez pas ! Il y en aura pour tout le monde ! Personne ne mourra de faim en attendant que Lawson & Carlson reviennent de MissMet. Les suceurs de rouille se cachent peut-être loin des ouragans, mais Lucky Strike va prendre soin de tout le monde !

Il souriait à pleines dents, ses longues dreadlocks noires attachées sur sa nuque. Nailer comprit qu'il était aussi en train de dire qu'il n'y aurait pas d'émeutes pour la nourriture et que, si cela se produisait, tout le monde devrait lui obéir. C'était Lucky Strike.

L'homme avait amassé un réel pouvoir depuis que sa première bouffée de chance l'avait libéré des équipes de lourds. Il trafiquait dans tous les domaines à présent, des antibiotiques aux glisse-cristaux. Il avait des accords avec les patrons pour faire tout ce qu'il voulait. Il avait un pied dans les salles de jeu, dans les baraques à filles et dans d'autres affaires, il attirait l'argent comme un aimant, le transformait en pépites d'or qui pendaient au bout de ses dreadlocks et perçaient ses oreilles d'épais anneaux. Cet homme puait la richesse.

— Restez en arrière ! cria Lucky Strike. Restez en arrière.

Il souriait, sûr de lui, mais une rangée de gorilles se tenait derrière lui pour renforcer son autorité.

Nailer étudia la ligne de brutes et reconnut certains des tueurs qui traînaient avec son père. On aurait dit que Lucky Strike avait rassemblé le meilleur du pire pour sa protection. Même le mi-bête était là. La silhouette massive et tout en muscles du monstre dominait le reste des hommes de main, son museau canin retroussé montrant les dents pour effrayer la foule affamée.

Pima intercepta le regard de Nailer.

— C'est celui qui travaillait avec l'équipe de lourds de maman. Elle dit qu'il pouvait soulever quatre fois plus qu'un homme.

— Qu'est-ce qu'il fout là ?

— Il a dû se rendre compte que jouer les gros bras pour Lucky Strike payait plus qu'un boulot honnête.

Le mi-bête montra à nouveau les dents et gronda un avertissement. La foule recula.

Lucky Strike éclata de rire.

— Au moins, vous écoutez mon chien tueur. C'est bien. Reculez tous. Sinon, mon ami Tool vous donnera une leçon de bonnes manières. Je suis sérieux, les gars. Laissez-nous un peu d'espace. Si Tool ne vous aime pas, il vous bouffera tout cru.

La foule marmonna son mécontentement mais obéit sous le regard de l'homme-chien.

— Pima !

Nailer et son amie se retournèrent. Sadna se dirigeait vers eux, le père de Nailer derrière elle. Sadna prit sa fille dans ses bras et la serra.

Lopez s'arrêta un pas derrière elle. Il baissa la tête.

— Je crois que tu m'as sauvé la vie, Lucky Boy.

Nailer hocha la tête prudemment.

— On dirait, oui.

Soudain, son père éclata de rire et l'attrapa.

— Putain, mon gars ! Tu veux pas serrer ton vieux dans tes bras ? (L'accolade tira sur les sutures de Nailer qui grimaça mais ne résista pas.) Je me suis réveillé au milieu de cette putain de tempête, je ne comprenais pas ce qui se passait. J'ai failli tuer Sadna avant qu'elle m'explique.

Nailer regarda la mère de Pima, inquiet, mais celle-ci se contenta de hausser les épaules.

— On a fini par se comprendre, lâcha-t-elle.

— Ouais. (Lopez sourit et se toucha la mâchoire.) Elle frappe comme un marteau-piqueur.

Un instant, Nailer eut peur que son père soit vexé, mais, pour une fois, il n'était pas défoncé et il avait presque l'air rationnel. Aussi propre que la plage. Il penchait déjà la tête pour observer comment la nourriture était distribuée.

— Y a Tool, là ? (Il rit et donna un coup sur l'épaule de son fils.) Si Lucky Strike a engagé ce chien, c'est sûr qu'il me prendra. On mangera bien ce soir.

Il se fraya un passage dans la foule à coups de coude sans un regard supplémentaire pour Sadna, Nailer et Pima.

Nailer soupira. Pour l'instant, son père n'était pas vexé.

L'inventaire de la plage et des épaves commença. D'après la rumeur, ils avaient échappé au plus fort de l'ouragan. La tempête était passée à l'est, le long d'Orleans Alley, pour s'attaquer aux ruines de la vieille ville avant de continuer à semer la terreur vers le nord et les épaves d'Orleans II. Certains disaient qu'elle avait détruit jusqu'aux entrailles de la cité.

Ce qui voulait dire que Bright Sands avait eu de la chance de ne pas être écrabouillée.

Mais, même frôlée par la tueuse de villes, la plage avait immensément souffert. On trouva des cadavres partout, emmêlés dans les kudzus de la jungle, coincés dans les arbres, flottant dans les vagues. Lucky Strike organisa des groupes pour s'occuper des morts, les incinérer ou les enterrer selon leurs rites et, ainsi, éviter les maladies. Les noms des disparus commencèrent à s'égrener.

Bapi était manquant, soit écartelé par la tempête, soit noyé. Personne ne savait si Sloth s'en était sortie. On retrouva Tick-Tock et toute sa famille, morts sans aucune trace de blessure.

Tous les dealers de rouille et de restes qui travaillaient avec Lawson & Carlson s'étaient réfugiés dans les terres pour attendre la fin de la tempête. Or, sans des entreprises comme GE, pour leur acheter du matériel pour leurs usines, et sans les compagnies de transports comme Patel Global Transit pour racheter la ferraille destinée à l'outre-mer, les chantiers de récup' étaient à l'arrêt. Les comptables, les assesseurs et leurs gardes, qui pesaient et achetaient les matériaux bruts provenant des tankers, s'étaient aussi enfuis, et sans personne à qui vendre leurs produits, les ferrailleurs passaient leurs journées à réparer leurs cabanes, à cannibaliser la jungle et à pêcher dans l'océan. Jusqu'à ce que les choses puissent s'organiser, c'était chacun pour soi.

Pima et Nailer se mirent en quête de nourriture, ramassant des noix de coco vertes tombées des arbres avant de se tourner vers les flaques et les vagues. Au loin, la pointe d'une île était visible.

— Il y a des crabes par là-bas, dit Pima.

— Ouais ? Tu crois qu'on devrait aller aussi loin ?

Pima haussa les épaules.

— Le butin est plus prometteur et il n'y a pas de concurrence. (Elle désigna les cargos silencieux.) C'est pas comme si on allait manquer à quelqu'un.

Ils prirent un sac de récup' et un baquet et partirent en chasse, se frayant un passage jusqu'à la pointe qui menait à l'île. Tout autour d'eux, l'océan brillait comme un miroir. Les vagues roulaient sur le rivage, aussi blanches que des dents de bébé. Les coques noires des tankers brisés se détachaient dans le soleil, énormes monuments d'un monde tombé en ruines.

Loin sur l'horizon, un clipper glissait sur l'océan, ses hautes voiles ouvertes. Nailer s'interrompit dans son ramassage et le regarda fendre l'eau bleue. Si proche, et pourtant si lointain.

— Tu vas continuer à rêvasser longtemps ? demanda Pima.

— Désolé.

Il se pencha et fit courir sa main dans une flaque. Le geste le fit grimacer, mais il se sentait nettement mieux que ces derniers jours. Son bras était toujours en écharpe et son épaule le faisait encore souffrir, mais ses bleus avaient presque disparu. Ils longèrent le promontoire. À certains endroits, ils pouvaient voir les fondations en béton d'anciennes maisons sous l'eau claire.

— Regarde ! s'exclama Pima, le doigt pointé. Celle-là devait être immense comme baraque.

— Mais, s'ils étaient si riches, demanda Nailer, pourquoi ils ont construit là où ils allaient se noyer ?

— Comme si je le savais. Même riches, les gens sont stupides, j'imagine. (Pima désigna un point plus loin dans la baie.) Mais pas aussi stupides que ceux qui ont construit les Dents.

Au-dessus des Dents, l'eau était calme, une légère brise la faisait à peine frissonner. Des moignons noirs et d'autres morceaux de bâtiments dépassaient des vagues. Sous la surface, de hauts immeubles de brique et d'acier attendaient, leurs structures déchiquetées cachées par la mer. Ceux qui avaient construit les Dents avaient vraiment mal estimé la montée des eaux. On n'apercevait leurs bâtiments qu'à marée basse. Le reste du temps, les ruines de la ville étaient totalement recouvertes.

— Tu t'es jamais demandé tout ce qu'on pourrait récupérer là-dessous ? demanda Nailer.

— Pas vraiment. Les gens ont eu tout le temps de sortir les trucs faciles.

— Ouais, mais quand même, il doit rester du fer, de l'acier et des trucs qui n'étaient pas aussi rares quand ils ont abandonné le coin.

— Personne ne veut d'acier rouillé alors qu'on a tous ces vaisseaux à désosser.

— Ouais, tu dois avoir raison.

Cela le travaillait quand même, toute cette richesse engloutie sous les vagues.

Ils pataugèrent autour des ruines et continuèrent leur chemin sur la pointe, se dirigeant vers la mousse verte que formait l'île. Le sentier se terminait par une vaste étendue de sable, révélée par la marée basse, plus confortable pour la marche.

Ils atteignirent l'île et se frayèrent un passage entre les arbres, les lianes de kudzu et les broussailles. Ils progressaient vite malgré l'épaule de Nailer. Au point culminant de l'île, c'était presque comme s'ils étaient au milieu de l'océan, très loin de la côte. Avec le vent de mer, Nailer pouvait faire semblant de se trouver sur un vaisseau d'eau profonde, glissant vers l'horizon. Il fixa la courbe de la Terre, l'autre bout du monde.

— Tu rêves d'y être, hein ? murmura Pima.

— Ouais.

Jamais il ne serait plus proche de la pleine mer. Rien que d'y penser lui faisait mal.

Certains naissaient avec de la chance et voguaient sur des clippers.

Et il y avait les rats des plages comme Pima et lui.

Nailer s'arracha à la contemplation de l'océan et étudia la baie. Dans l'eau profonde, l'ombre des Dents ondulait. Parfois, des bateaux peu familiers de la côte s'échouaient dans les Dents. Il avait vu un chalutier chavirer et sombrer sur les vieux moignons après s'être jeté contre les tours. Certains ferrailleurs avaient plongé pour récupérer des morceaux. Quand la mer était haute, les Dents pouvaient vraiment mordre.

— Allez, l'encouragea Pima. Tu ne veux tout de même pas qu'on se retrouve coincés avec la marée ?

Nailer la suivit, descendit prudemment derrière elle et se laissa aider pour les parties les plus difficiles.

— Tu penses que ton père est déjà soûl ? lui demanda-t-elle soudain.

Nailer réfléchit à la matinée et à la bonne humeur de son père. Certes, il avait l'œil brillant, rieur, prêt pour sa journée, mais il était fébrile, comme lorsqu'il n'avait pas ses glisse-cristaux ou ses démons rouges.

— Il devrait tenir encore un peu. Lucky Strike ne le laissera pas bosser s'il n'est pas clean. Il ne se soûlera probablement pas avant ce soir.

— Je ne comprends vraiment pas pourquoi tu as voulu le sauver. Tout ce qu'il te donne c'est des coups.

Nailer haussa les épaules. Les sous-bois de l'île étaient étonnamment denses et il devait écarter les buissons pour que leurs branches ne lui fouettent pas le visage.

— Il a pas toujours été comme ça. Il était différent. Avant les drogues. Avant que ma mère meure.

— Il n'était déjà pas super avant. Il est juste pire maintenant.

Nailer grimaça.

— Ouais, bon… (Il haussa une nouvelle fois les épaules, pris entre des émotions contradictoires.) Je ne serais probablement pas parvenu à me sortir du pétrole sans lui. C'est lui qui m'a appris à nager. Tu crois pas que je lui devais quelque chose pour ça ?

— Ça dépend du nombre de fois qu'il te tabasse. (Elle fit une grimace.) Si tu le laisses faire, il va finir par te tuer.

Nailer ne répondit pas. En y songeant, il ne savait pas non plus pourquoi il avait sauvé son père. Puisque celui-ci ne lui rendait vraiment pas la vie facile, c'était probablement parce que les gens disaient que la famille était importante. Pearly disait ça. La mère de Pima le disait. Tout le monde le disait. Et Richard Lopez, qui qu'il soit, était la seule famille qui lui restait.

Pourtant, Nailer ne pouvait s'empêcher de regretter de ne pas s'être retrouvé avec Sadna et Pima plutôt qu'avec son père. Il se demandait ce que ce serait d'être installé à demeure dans leur cabane, plutôt que de s'y réfugier quand Lopez était défoncé. De ne pas être obligé de partir après un jour ou deux pour rentrer chez son père. De vivre avec des gens sur lesquels il pouvait compter pour le protéger.

Le sous-bois s'ouvrit. Ils se retrouvèrent entre les flaques et les rochers de l'autre côté de l'île. Des intrusions de granit dépassaient de la mer et formaient un brise-lames qui défendait la petite étendue de terre du gros des tempêtes. Pima commença à ramasser des corbs et des poissons rougeâtres assommés par l'ouragan qu'elle jeta dans le baquet.

— Il y a beaucoup plus de poissons que je le pensais.

Nailer ne répondit pas. Il fixait les rochers. Entre eux, quelque chose réfléchissait la lumière comme du verre, brillant et blanc.

— Hé, Pima. (Il tira sur sa manche.) Regarde ça.

Pima se redressa.

— Qu'est-ce que c'est que ça ?

— C'est un clipper, non ? (Il déglutit, fit un pas en avant. S'arrêta. Était-ce un mirage ? Il s'attendait à ce qu'il disparaisse, mais les planches blanches, la soie bruissante et la toile demeuraient.) C'est ça. Ça doit être ça. C'est un clipper.

Pima rit doucement derrière lui.

— Tu as tort, Nailer. Ce n'est pas un clipper du tout. (Soudain, elle le dépassa pour courir vers le vaisseau.) C'est un Lucky strike !

Son rire flotta dans le vent, se moquant de Nailer. Il se secoua pour se débarrasser de sa torpeur et s'élança derrière elle. Un cri de joie s'échappa de ses lèvres tandis qu'il bondissait sur le sable.

Devant eux, la coque blanche de l'épave scintillait dans le soleil, tentatrice.

# Chapitre 8

Le bateau reposait sur le côté, couvert de boue et brisé, la poupe cassée. Même dans cet état, il était magnifique, totalement différent des coques d'acier rouillées qu'ils démembraient chaque jour.

Le clipper était grand, le genre de voilier utilisé pour le transport rapide sur la route du pôle, sur le toit du monde vers la Russie et le Nippon, ou pour traverser l'Atlantique houleux vers l'Afrique et l'Europe. Ses hydrofoils étaient rétractés, mais Nailer apercevait leurs entrailles à travers la coque en polymère de carbone déchiquetée : les énormes moteurs qui tendaient les ailes, les mécanismes complexes et précis des systèmes électroniques.

Le pont du vaisseau penchait vers eux, révélant le canon de Buckell et les winchs à grande vitesse pour les paravoiles. Une fois, alors qu'il était de bonne humeur, Bapi lui avait expliqué que le grand canon pouvait envoyer une voile à des milliers de mètres de hauteur pour accrocher les courants qui dresseraient le vaisseau sur ses hydrofoils et lui feraient raser les vagues à plus de cinquante nœuds.

Nailer et Pima s'arrêtèrent soudain, les yeux fixés sur l'épave.

— Destin qu'il est beau ! souffla Pima.

Même mort, il ressemblait à un faucon royal, déchiré et fracassé mais conservant la grâce sauvage de ses lignes. Il avait la silhouette effilée et aérodynamique d'un chasseur, chaque angle adouci pour réduire l'effet de résistance au maximum. Nailer caressa du regard le pont supérieur du bateau brisé, les flotteurs, les stabilisateurs et les restes déchiquetés des ailes fixes. Tout était blanc, presque insupportablement blanc sous le soleil. Sans la moindre trace de rouille ni de suie, ni même d'une goutte d'huile malgré la coque disloquée.

En comparaison, les vieux tankers et les cargos des chantiers des ferrailleurs n'étaient rien. Des dinosaures rouillés. Inutiles sans leur précieux pétrole. D'énormes brutes vautrées suintant leur crasse et leurs toxines dans l'eau. Puants et destructeurs quand on les avait construits durant l'Ère accélérée, ils l'étaient toujours dans la mort.

Le clipper était une machine totalement différente, conçue par les anges. Le nom sur la proue était illisible mais Pima reconnut un mot en dessous.

— Il vient de Boston, annonça-t-elle.

— Comment tu le sais ?

— Une de mes équipes de légers a travaillé sur un cargo de Boston, et il y avait le même mot. Je l'ai vu sur chaque porte de cette putain d'épave pendant qu'on la désossait.

— Je ne me souviens pas de ça.

— C'était avant que tu prêtes serment. (Elle s'interrompit.) La première lettre est B, et il y a un S – celui qui ressemble à un serpent – alors c'est pareil.

— T'as une idée de ce qui s'est passé ?

— L'ouragan.

— Ils auraient dû le savoir, pourtant. Ils ont des talkies satellites sur ces vaisseaux. De grands yeux au-dessus des nuages. Ils ne devraient jamais se faire prendre.

Ce fut au tour de Pima de regarder Nailer avec surprise.

— D'où tu sors ça ?

— Tu te souviens du Vieux Miles ?

— Il n'est pas mort ?

— Si. Une sorte d'infection dans les bronches. Il avait travaillé dans une coquerie sur un clipper, avant de se faire virer. Il connaissait toutes sortes de trucs sur leur fonctionnement. Il m'a raconté qu'ils ont des coques faites de fibres spéciales, pour glisser sur l'eau comme sur de l'huile, et qu'ils utilisent des ordinateurs pour maintenir l'assiette. Ils mesurent la vitesse de l'eau et du vent. Et il m'a affirmé qu'ils parlent avec les satellites météo, exactement comme Lawson & Carlson quand une tempête arrive.

— Ils ont peut-être pensé qu'ils pouvaient aller plus vite que l'ouragan, suggéra Pima.

Ils fixèrent tous deux l'épave.

— Ça fait beaucoup à récupérer, commenta Nailer.

— Ouais. (Pima s'interrompit un instant.) Tu te souviens de ce que j'ai dit l'autre nuit ? Sur la nécessité d'être à la fois chanceux et intelligent ?

— Ouais.

— Combien de temps penses-tu qu'on peut garder ça secret ? (Elle désigna de la tête la plage et les chantiers.) Par rapport à eux.

— Peut-être un jour ou deux, hasarda Nailer. Si on a de la chance. Quelqu'un va finir par tomber dessus. Un bateau de pêche ou un dealer l'apercevra, même si les rats de la plage ne le voient pas.

Pima serra les lèvres.

— Il faut le garder pour nous.

— Impossible. (Nailer étudia le vaisseau brisé.) Impossible de défendre un truc pareil. Des patrouilles vont venir à sa recherche. Des gorilles des grandes firmes. Et Lawson & Carlson réclamera sa part, du moins si le bateau est à récupérer…

— Oh, ça c'est clair, l'interrompit Pima. Regarde-le. Il n'ira plus jamais nulle part.

Nailer secoua la tête, obstiné.

— Je ne vois toujours pas comment on pourrait le garder pour nous.

— Maman, suggéra Pima. Elle pourrait nous aider.

— Elle a du boulot. Si elle disparaît pour travailler avec nous, on va le remarquer. (Nailer tourna les yeux vers la plage.) Si nous ne rentrons pas pour bosser demain, on va aussi se demander où nous sommes passés. (Il massa son épaule douloureuse.) Nous avons besoin de gorilles. Mais, dès qu'ils sauraient pour le bateau, ils nous le prendraient.

Pima mâchouillait sa lèvre, pensive.

— Je ne sais même pas comment on enregistre un droit de varech, une concession.

— Crois-moi, personne ne va nous laisser enregistrer ça.

— Et Lucky Strike ? Il a des contacts avec les patrons. Il pourrait peut-être le faire pour nous. Éloigner Lawson & Carlson.

— Et il nous prendrait tout aussi. Comme n'importe qui d'autre.

— Il distribue de la nourriture, insista Pima. Personne d'autre ne fait ça. Il fait même crédit à quiconque peut lui amener deux amis pour se porter garant de lui jusqu'à ce que le travail reprenne.

— Nous ne sommes que des bouffeurs de poux pour lui. Nous ne sommes rien. La bouffe c'est une chose… (Nailer regardait l'épave avec frustration.

Tant de richesses, si seulement ils pouvaient l'enterrer.) C'est complètement stupide. Nous sommes encore en train de cannibaliser le cuivre dans les conduites. De toute façon, nous n'avons aucune idée de ce qui se trouve à bord. Allons voir ce qu'il y a.

— Ouais ! (Pima secoua la tête.) T'as raison. Il y aura peut-être quelque chose de valable et de léger qu'on pourra cacher. Après, on décidera pour le reste.

— Ouais. Il y aura peut-être aussi une récompense pour le bateau, si on prévient qu'il est là.

— Une récompense ?

Nailer haussa les épaules.

— J'ai entendu ça à la radio, une fois, dans la cabane à nouilles de Chen. On a une récompense quand on aide quelqu'un.

— Pourquoi tu n'appelles pas ça une prime ?

Nailer fit une grimace.

— Parce qu'ils appelaient ça une récompense. (Il cracha). Viens. Allons jeter un œil.

Ils slalomèrent entre les rochers jusqu'au clipper. À marée basse, la coque était entourée d'eau qui montait jusqu'aux chevilles. Quelques poissons flottaient dans les flaques, d'autres gisaient sur le sable, pourrissant dans une odeur d'algues. De près, le bateau s'avéra plus grand. Pas comme les monolithes rouillés de l'Ère accélérée, mais il les dominait. Pima grimpa le long du bord déchiqueté et se glissa à l'intérieur, les mains vives et sûres après des années de travail de léger. Nailer la suivit plus lentement, se hissant de son seul bras valide.

Le clipper reposait sur le flanc ; ramper dans ses passages équivalait presque à se retrouver dans les conduites. Cette sensation de familiarité inattendue surprit Nailer. Il détailla les décombres. Du métal rutilant, des morceaux de vêtements éparpillés, toutes sortes de choses, et la puanteur du poisson pourri.

— Des trucs de rupin, annonça-t-il. (Il désigna une robe qui semblait être en soie.) Regarde-moi ces fringues !

Pima fit une grimace de mépris.

— Qui a besoin de fringues comme ça ?

Elle se glissa par un trou qui qui menait au pont supérieur, tâtonnant jusqu'à trouver une trappe. Une minute plus tard, elle appela :

— J'ai trouvé la coquerie ! (Elle siffla.) Viens voir ça !

Nailer lutta pour la rejoindre. La cuisine était un désordre sans nom. Tout s'était renversé, excepté quelques conteneurs de nourriture encore scellés et en place : du riz, de la farine dans des boîtes étanches. Pima ouvrit les tiroirs. Des bouteilles dégringolèrent dans une pluie de verre brisé et un nuage d'épices. Elle se pinça le nez et toussa.

Nailer éternua.

— Vas-y doucement, équipière.

— Désolée.

Elle toussa à nouveau. Ouvrit un placard. De la viande en tomba, déjà gâchée par la chaleur, d'énormes steaks mous meilleurs que tout ce qu'ils pouvaient trouver sur les plages. Ils placèrent tous deux la main devant leurs bouches, respirant lentement pour échapper à la puanteur qui les enveloppait.

— Je pense qu'ils avaient un refroidisseur électrique, dit Nailer. Sinon, comment auraient-ils pu conserver autant de viande ?

— Putain ! Ils se la coulaient douce, hein ?

— Ouais. Pas étonnant que le vieux Miles ait été si triste de se faire virer.

— Qu'est-ce qu'il avait fait ?

— Il disait qu'il s'était fait prendre soûl, mais je pense qu'il vendait des démons rouges.

Pima passa la tête dans le placard pour voir si quelque chose valait la peine d'être récupéré. Elle recula, déglutit. La puanteur de la viande pourrissante était trop forte. Ils reprirent leur visite du vaisseau.

Ils trouvèrent le premier corps dans l'une des cabines, un homme torse nu, les yeux écarquillés, des crabes fouissant dans ses entrailles. Pima se détourna, au bord de la nausée. Elle regarda à nouveau. Des poissons tressautaient dans une flaque à côté de la tête de l'homme. Il était difficile de savoir s'il était mort noyé ou si la vilaine entaille sur son front l'avait tué. En tout cas, il était mort.

— Bon, j'imagine qu'il se fout qu'on lui fasse le blanc.

— Tu vas récupérer des trucs sur lui ? demanda Nailer.

— Il a des poches.

Nailer secoua la tête.

— Je refuse de le toucher.

— Arrête de te comporter comme un bouffeur de poux.

Pima inspira profondément et s'approcha du cadavre. Un nuage de mouches s'envola, vrombissant dans la chaleur de la cabine. Pima tira sur le pantalon de l'homme et passa les doigts dans ses poches. Elle faisait la dure, mais Nailer voyait bien que ce n'était pas facile. Ils avaient tous deux entendu des histoires de blanc frais. Les cadavres faisaient partie du butin mais c'était toujours effrayant de regarder un mort dans les yeux, de penser qu'il s'était baladé sur le pont si peu de temps auparavant, avant que la tempête ne l'emporte pour l'offrir à deux gamins de la côte.

Nailer étudia le reste de la cabine. Elle était grande, une photo dans un cadre brisé sur le sol montrait un homme dans une veste blanche avec des galons sur les manches. Nailer la ramassa et l'observa.

— Je crois que c'était son bateau.

— Ah ouais ?

Nailer examina les murs. Il y avait une longue-vue à l'ancienne bien attachée avec des équerres, des bouts de papier avec toutes sortes d'écritures, des sceaux et des tampons à l'air officiel. Et cette photo de l'homme avec une tresse sur l'épaule devant le clipper, souriant. Nailer ne pouvait pas déterminer s'il s'agissait du même bateau, mais il était évident que l'homme en était très fier. Nailer jeta un coup d'œil au cadavre gonflé et soupira, pensif.

Comme si elle avait lu dans ses pensées, Pima leva les yeux.

— Ce n'est que de la chance, Nailer. De la chance et le Destin. C'est tout ce qu'on a. (Elle lui montra une poignée de pièces. Il y avait assez d'argent pour les nourrir pendant une semaine. Des pièces de cuivre et une liasse trempée de billets rouges chinois.) Aujourd'hui, nous sommes les chanceux de l'histoire.

— Ouais. Et ce ne sera peut-être pas le cas demain.

C'est Grâce à la chance que le capitaine n'avait pas eue que Nailer et Pima étaient riches. C'était bizarre de penser à ça. Le capitaine reposait, gonflé, le visage tuméfié et enflé, pendant que le soleil cuisait et détruisait sa chair. Les mouches bourdonnaient tranquillement autour de sa tête : ses yeux, ses lèvres, le sang de sa blessure, la béance de son ventre. Des nuages entiers se ruèrent sur lui dès que Pima recula.

Nailer observa à nouveau la cabine. Il y avait du bronze sur les murs, toutes sortes de choses à récupérer. C'était un vaisseau de rupin, à n'en pas douter. Le bureau du capitaine était luxueux, et, même si le bateau était aussi grand qu'un cargo, il ne ressemblait pas à un navire de travail. Tout était trop chic, toute cette soie, ces couloirs moquettés, ce cuivre, ce bronze, ces petites lanternes de verre.

Ils poursuivirent leur visite et trouvèrent des meubles sculptés, des petits salons, un bar rempli de bouteilles brisées, des salles de réception, des tableaux déchirés sur les murs, des peintures en lambeaux au sol.

En dessous, dans la salle des machines où des systèmes mécaniques contrôlaient le clipper, ils trouvèrent d'autres corps.

— Des mi-bêtes, murmura Pima.

Il y en avait trois, noyés, gonflés comme des baudruches. Leurs visages bestiaux avaient l'air étrangement affamés, leur longue langue pendait de leur bouche aux dents aiguisées. Des yeux de chien, jaunes, fixaient Pima et Nailer ; morts, ils ne brillaient qu'à peine dans le soleil tropical qui pénétrait la pièce.

— Ces gens devaient vraiment être de sacrés rupins s'ils pouvaient se payer toutes ces faces de chien !

— Celui-ci te ressemble, commenta Nailer. Tu es sûre que tu n'as pas vendu tes œufs ?

Pima éclata de rire et enfonça son coude dans ses côtes, mais elle ne suggéra pas de fouiller ces dépouilles-là. Il y avait quelque chose de bien trop effrayant dans ces créatures génétiquement trafiquées pour s'en approcher.

Nailer et Pima se séparèrent et continuèrent leur exploration du clipper. Pima trouva un autre mi-bête mort sur le pont supérieur, attaché à la barre, noyé. *Tant de morts*, pensa Nailer. Ces gens avaient dû se comporter comme des crétins pour se faire rattraper par une tueuse de villes. Il ouvrit une autre porte d'un coup de pied et siffla, surpris.

Une table, tombée sur le côté, coincée contre le mur, du bois sombre aussi noir que la nuit. Du verre brisé partout, des gobelets abandonnés.

— Pima ! Viens voir !

Elle arriva en courant. La pièce n'était qu'argent : des bougeoirs en argent, des couverts en argent, des plateaux en argent, des bols en argent… Un énorme Lucky strike, prêt à être récolté.

— Ça fait un sacré butin ! s'exclama Pima.

— Il y en a assez pour rembourser toutes nos dettes de travail. Avec autant de cash, tu pourrais monter ta propre équipe. Tu pourrais même racheter la place de Bapi !

— Alors, raflons-le avant que quelqu'un ne débarque. Nous sommes riches, monsieur Lucky Boy ! (Elle l'attrapa et l'embrassa, une fois à droite, une fois à gauche puis directement sur les lèvres, et rit de sa surprise.) Ooooh Lucky Boy ! Nous sommes riches ! On va faire mieux que Lucky Strike !

Son enthousiasme était contagieux, Nailer éclata de rire à son tour. Ils rassemblèrent l'argenterie, écartèrent la porcelaine, les gobelets brisés et les délicats verres à pied en demi-lune, découvrant de plus en plus de richesses.

Pima partit chercher un contenant pour transporter leur butin et revint avec un sac de chanvre. À elle seule, quelques minutes plus tôt, la bougette aurait été une bonne trouvaille. Ils auraient pu la vendre pour quelques longueurs de cuivre et ç'aurait été une bonne journée. Ce n'était à présent qu'un objet pour transporter le véritable trésor que constituait toute cette argenterie. Plateaux et couverts rejoignirent le sac. Des fourchettes si petites qu'elles disparaissaient dans les mains de Nailer, des cuillers si grandes et si profondes qu'on aurait pu s'en servir comme louches chez Chen, où l'on servait pourtant une centaine de personnes à la fois.

Nailer se redressa.

— Je vais voir ce que je peux trouver d'autre.

Pima grommela son approbation. Nailer retourna dans le couloir principal, puis traversa un petit salon jonché de peintures déchirées et d'un autel détruit. Même une équipe de légers aurait besoin de plusieurs jours pour récupérer tout le bronze, le cuivre et le câblage du clipper. Quand Pima et lui auraient rassemblé leurs premiers trésors, ils fourbiraient un plan. Il devait exister un moyen d'obtenir une part sur ce qu'ils ne pouvaient pas emporter.

Chanceux et intelligents... Il leur fallait être chanceux et intelligents.

Sauf que ce Lucky strike était presque trop énorme pour rester intelligent.

Il ouvrit une autre porte de cabine d'un coup de pied. Une pièce étrange, pleine de poupées et de peluches détrempées. Des trains de bois scintillant, de véritables petits Maglev. Une peinture abîmée pendait à un mur : un clipper, peut-être même celui-ci, vu de haut. Tous les visages étaient levés vers le ciel. L'artiste était plutôt bon, la toile ressemblait presque à une photographie. Nailer se sentit mal à l'aise en la regardant, comme s'il allait tomber dans le tableau, sur le pont du bateau, et atterrir au milieu de tous ces gens avec leurs fringues de richards et leurs yeux froids. Ça lui donnait le vertige. Il se détourna de l'image et étudia à nouveau la cabine. Elle possédait une autre porte. Il rampa sur le mur qui était devenu le sol et la souleva.

Une chambre : de la literie partout, un énorme lit disloqué et une fille très belle, morte au milieu de ce désordre, qui le fixait de ses grands yeux noirs.

Nailer inspira profondément.

Même écrasée, clouée sous le poids du lit, couverte de bleus et sans vie, elle restait jolie. Ses cheveux noirs tombaient sur son visage comme un filet humide et ses immenses yeux sombres étaient figés sur Nailer. Le tissage de sa blouse, déchirée et trempée, mélangeait couleurs et fils d'argent. Elle était jeune. Pas comme le capitaine et les mi-bêtes. Peut-être l'âge de Pima. Une fille riche avec un diamant dans le nez.

Il aurait pu l'envier si elle n'était pas aussi morte.

Il appela Pima.

— J'ai trouvé un autre canné !

— Un autre mi-bête ? demanda Pima.

Nailer ne répondit pas. Il ne quittait pas la morte des yeux. Pima arriva derrière lui.

— Putain ! s'exclama-t-elle. Dommage !

— Jolie, hein ?

Pima éclata de rire.

— J'ignorais que tu aimais les cadavres.

Nailer eut une mimique de dégoût.

— Si je voulais une fille, il y en a plein de vivantes, merci.

Pima sourit.

— Oui. Mais celle-là ne va pas te gifler comme Moon Girl quand tu as essayé de l'embrasser. Ses lèvres ont l'air un peu froides, par contre. Si tu l'embrassais, elle t'emmènerait à coup sûr jusqu'aux balances du Dieu Ferrailleur.

— Beurk.

Nailer grimaça. Pima passait trop de temps avec les lourds et ça lui donnait un drôle de sens de l'humour.

— Elle est couverte d'or, annonça-t-elle.

Nailer ne lâchait pas les yeux noirs de la fille, mais Pima avait raison. De l'or autour de sa gorge brune, de l'or sur ses doigts. Si c'était du vrai, cela valait une fortune, bien plus que tout ce qu'ils avaient trouvé jusqu'à présent.

Comme une seule personne, ils se ruèrent sur le corps. Le cadavre était enterré sous les meubles. Rien n'avait été sécurisé, comme si les friqués croyaient qu'une tempête n'oserait jamais redécorer leur chambre. Comme si, se prenant pour des dieux, ils ne se contentaient pas de prévoir la météo avec leurs instruments et leurs satellites mais étaient capables de lui dicter sa conduite.

Nailer frémit en regardant la fille brisée. C'était une leçon, aussi efficace que celles de la mère de Pima quand elle expliquait comment ils allaient survivre jusqu'à l'âge adulte. La mort comme la fierté n'épargnaient ni un Bapi qui pensait rester patron des équipes de légers jusqu'à la fin des temps ni une jolie fille riche avec ses jouets magnifiques, ses beaux vêtements, son or et ses bijoux.

Ils s'accroupirent près du corps.

— Au moins, il n'y a pas de crabe, marmonna Pima.

Elle attrapa le collier de la fille et tira d'un coup sec. La tête de celle-ci fut rejetée en arrière comme le crâne d'une marionnette, et la chaîne se brisa. Entre les doigts de Pima, qui le laissait pendre devant elle et Nailer, le pendentif doré était un trésor fascinant. Un seul objet et ils étaient plus riches que tous, à l'exception peut-être de Lucky Strike. Ils s'attaquèrent aux bagues de la fille, tirant dessus, essayant de les faire glisser.

— Merde ! marmonna Nailer. Ses doigts sont trop rigides !

— Ça coince pour toi aussi ? demanda Pima.

— Ils sont tout gros et gonflés d'eau. Aucune bague ne veut bouger.

Pima tira son couteau de travail.

— Tiens.

Nailer grimaça de dégoût.

— Tu veux quand même pas que je la découpe ?

— Ce n'est pas pire que de trancher la tête d'un poulet. Et, au moins, elle ne va pas se mettre à caqueter dans tous les sens. (Pima posa le couteau sur un doigt.) Tu m'aides ?

— Où dois-je couper ?

— À la jointure, indiqua Pima. On peut pas couper les os. Mais, entre, ils se détachent tout seul.

Nailer haussa les épaules et posa le couteau sur une jointure qui lui semblait facile à détacher. Il pressa la lame contre la chair de la fille. Le sang jaillit.

Les grands yeux noirs cillèrent.

# Chapitre 9

— Sang et Rouille ! (Nailer fit un bond en arrière.) Elle n'est pas cannée. Elle est vivante !

— *Quoi* ?

Pima s'éloigna à toute vitesse de la fille.

— Ses yeux ont bougé. Je les ai vus !

Le cœur de Nailer battait la chamade. Il lutta contre son envie de fuir la cabine. Même si la fille ne bougeait pas, il avait la chair de poule.

— J'ai coupé et elle a bougé.

— J'ai rien vu…

Pima s'interrompit au milieu de sa phrase.

Les yeux noirs de la fille noyée se tournèrent vers elle. Puis ils passèrent de Pima à Nailer et revinrent à Pima.

— Destin ! jura Nailer.

Des doigts glacés remontaient son échine, dressaient les cheveux sur sa tête. C'était comme si leur couteau avait rappelé son fantôme dans son corps. Les lèvres de la fille morte remuèrent. Aucun mot n'en sortit, seul un sifflement à peine audible.

— C'est putain de trouillant, murmura Pima.

La fille continua à chuchoter, un torrent de sifflements, une psalmodie, une supplique, tellement bas qu'ils pouvaient à peine reconnaître ses mots. Malgré son appréhension, Nailer s'approcha, attiré par ses yeux et son désespoir. Les doigts décorés d'or de la fille remuèrent, se tendirent vers lui.

Pima se plaça derrière lui. La fille tout entière se tendit vers eux, mais ils restèrent hors de portée. Elle continuait à murmurer : des bruits de prière, des supplications, un souffle de terreur de la tempête et du sel. Ses yeux fouillaient la cabine, apeurés, terrifiés par quelque chose qu'elle était seule à voir. Son regard se porta à nouveau sur Nailer, désespéré, suppliant. Elle continuait à chuchoter. Il se pencha, pour essayer de comprendre ses mots. Les mains de la fille s'agitaient faiblement contre son bras, se levèrent pour toucher son visage, un mouvement aussi léger que celui d'un papillon, elle essayait de l'attirer à elle. Il se pencha encore, permettant aux doigts de s'accrocher à lui.

Ses lèvres caressèrent son oreille.

Elle priait. De douces suppliques à Ganesh, au Bouddha, à Kali-Marie-Miséricorde et au Dieu chrétien. Elle priait tout et n'importe quoi, suppliant le Destin de la laisser échapper à l'ombre de la mort. Ses prières sortaient, comme involontairement de sa bouche, désespérées. Elle était brisée, elle allait bientôt mourir, mais elle continuait à psalmodier, avec régularité. *Tum karuna je saagar Tum palankarta je vous salue Marie pleine de grâce Ajahn Chan Bodhisattva libérez-moi de la douleur…*

Il recula. Les doigts de la fille glissèrent de ses joues comme des pétales d'orchidée tombent avec le vent.

— Elle est en train de mourir, dit Pima.

Les yeux de la fille regardaient dans le vide. Ses lèvres bougeaient toujours, mais elle perdait de l'énergie et sa volonté de prier. Ses mots n'étaient plus qu'une ponctuation aux bruits de l'océan :

l'appel des mouettes, les vagues, les craquements de l'épave.

Petit à petit, les mots cessèrent. Son corps s'immobilisa.

Pima et Nailer échangèrent un regard.

L'or sur les doigts de la fille scintillait.

Pima leva son couteau.

— Destin, c'est trouillant. Prenons l'or et tirons-nous d'ici !

— Tu vas lui couper les doigts pendant qu'elle respire encore ?

— Elle ne respirera plus longtemps. (Pima désigna le lit, les commodes, les tiroirs et les débris empilés sur le corps.) Elle va canner. Si je lui coupais la gorge, je lui rendrais service. (Elle s'approcha et toucha la main de la fille. La noyée ne réagit pas.) Elle est morte, de toute façon.

Pima pressa à nouveau le couteau contre le doigt de la fille.

Ses yeux s'ouvrirent en grand.

— S'il vous plaît, murmura-t-elle.

Pima serra les lèvres, ignora la supplique. La main libre de la fille caressa le visage de la ferrailleuse qui recula, mais elle appuya sur son couteau et le sang coula. La fille ne frémit même pas. Elle ne retira pas sa main, elle se contenta de regarder, ses yeux noirs suppliant tandis que la lame s'enfonçait dans sa peau cuivrée.

— S'il vous plaît, répéta-t-elle.

Nailer en eut des frissons.

— Ne fais pas ça, Pima.

Pima leva les yeux vers lui.

— Tu vas pas faire le délicat ! Tu crois que tu peux la sauver ? Que tu deviendras son chevalier à l'armure étincelante comme dans les contes débiles de maman ? Tu n'es qu'un rat des plages et elle est une richarde. Si elle se sort d'ici, le bateau lui revient et nous perdons tout.

— On ne peut pas en être sûr.

— Ne sois pas idiot. On n'a le droit de varech que si elle ne le revendique pas. Tout cet argent qu'on a trouvé ? Tout cet or sur ses doigts ? Tu sais que ce clipper lui appartient. Tu le sais. Regarde sa chambre. (Pima désigna les décombres autour d'eux.) Ce n'est pas une soubrette, c'est évident. C'est une putain de friquée. Si on la laisse s'en sortir, on perd tout. (Elle se tourna vers la fille.) Désolée, la belle. Tu as plus de valeur morte que vivante. (Elle revint sur Nailer.) Si ça peut te faire plaisir, je peux commencer par l'achever.

Elle approcha son couteau de la gorge lisse de la jeune fille.

Les yeux de la blessée s'orientèrent vers Nailer, implorant qu'il la sauve, mais elle ne prononça pas un mot. Elle se contenta de le fixer.

— Ne fais pas ça, dit Nailer. Nous ne pouvons pas prendre un Lucky strike comme ça… ce serait être comme Sloth.

— Ce n'est pas du tout la même chose. Sloth faisait partie de l'équipe. Elle avait un serment de sang avec toi, et aucune morale. Mais cette richarde ? (Pima tapota la noyée de son couteau.) Elle n'est pas de notre équipe. C'est juste une fille de big boss avec beaucoup d'or. (Elle grimaça.) Si on l'embroche, on est riches. On ne doit plus travailler, tu saisis ?

L'or scintillait sur les doigts de la fille. Nailer luttait avec ses émotions contradictoires. Il y avait plus de richesse ici qu'il n'en avait jamais vu. Plus de richesse que ce qu'une équipe pouvait ramasser sur les tankers en plusieurs années. Pourtant, les bagues décoraient les doigts de la fille aussi naturellement que les piercings décoraient Moon Girl.

Pima reprit son plaidoyer :

— C'est la chance d'une vie, Nailer. Soit on est malins, soit on est foutus. (Elle tremblait et une larme apparut au coin d'un de ses yeux.) Je n'aime pas ça non plus. (Elle baissa les yeux vers la fille.) Ce n'est pas personnel. C'est juste elle ou nous.

— Peut-être qu'elle nous offrira une récompense, suggéra Nailer.

— Nous savons tous les deux que ça ne fonctionne pas comme ça. (Pima le regardait tristement.) C'est dans les contes de fées et les histoires de la mère de Pearly qu'un rajah tombe amoureux de sa servante. On devient riches ou on crève avec les lourds, si on a de la chance. Ou on siphonne du pétrole jusqu'à ce que nos jambes ne nous portent plus et que ton père finisse par te tuer. Quoi d'autre ? Les Moissonneurs ? Les baraques à putes ? On peut toujours dealer des démons rouges ou du glisse-cristal sur les épaves, jusqu'à ce que Lawson & Carlson nous pendent. C'est ça qui nous attend. Et la petite fille riche, là ? Elle retourne directement à sa vie de petite fille riche. (Pima s'interrompit un instant.) Ou alors on se tire avec l'or. On se tire vraiment.

Nailer fixait toujours la fille. Quelques jours auparavant, il l'aurait poignardée. Il se serait excusé devant ces yeux désespérés et il aurait passé la lame sur sa gorge. Il aurait fait vite pour qu'elle ne souffre pas – il ne lui aurait pas fait mal comme son père aimait le faire – mais il l'aurait tuée, il aurait arraché tout l'or de son corps enflé et il serait parti. Il se serait senti désolé, c'est sûr, il aurait même mis une offrande sur la balance du Dieu Ferrailleur pour l'aider à rejoindre ce en quoi elle croyait. Mais elle serait morte et il aurait pu se dire chanceux.

Mais, aujourd'hui, la puanteur et l'obscurité de la salle envahie par le pétrole emplissaient son esprit – le souvenir de tremper jusqu'au cou dans la mort chaude, de Sloth là-haut dans la conduite, sa peinture LED scintillante… le salut s'il pouvait la convaincre, s'il pouvait toucher une fibre en elle qui aimerait autre chose qu'elle-même, et, s'il y parvenait, elle irait chercher de l'aide et lui serait sauvé, et tout irait bien.

Il avait tant essayé de convaincre Sloth.

Mais il n'avait pas trouvé le levier. Ou peut-être n'en existait-il pas. Certaines personnes ne considéraient qu'elles-mêmes. Des gens comme Sloth.

Des gens comme son père.

Richard Lopez n'hésiterait pas. Il trancherait la gorge de la fille, prendrait les bagues et rirait en essuyant le sang sur l'or. Nailer savait qu'une semaine plus tôt, il aurait pu le faire. La richarde n'était pas de l'équipe. Il ne lui devait rien. Mais, à présent, après le temps passé dans le pétrole, il ne pensait qu'à son besoin désespéré de convaincre Sloth que sa vie était aussi importante que la sienne.

L'or sur les doigts de la noyée brillait.

Que lui arrivait-il ? Nailer avait envie de cogner les murs à coups de poing. Pourquoi était-il incapable d'intelligence ? Pourquoi était-il incapable de se joindre à sa coéquipière, de tuer la fille et de rafler le butin ? Il pouvait presque entendre son père rire de lui. Railler sa stupidité. Pourtant, plus il regardait dans les yeux suppliants de la noyée, plus il pensait qu'ils auraient pu être les siens.

— Je suis désolé, Pima. Je ne peux pas. Nous devons l'aider.

Pima baissa les épaules.

— Tu es sûr ?

— Ouais.

— Merde ! (Pima s'essuya les yeux.) Je devrais quand même l'embrocher. Tu me remercierais plus tard.

— Non. S'il te plaît. Nous savons tous les deux que ce n'est pas bien.

— Bien ? Qu'est-ce qui est bien ? Regarde tout cet or !

— Ne lui coupe pas la gorge.

Pima grimaça.

— Peut-être qu'elle nous laissera garder l'argenterie.

— Ouais. Peut-être.

Il regrettait déjà son choix, il voyait leurs espoirs d'un avenir différent disparaître. Demain, Pima et lui retourneraient au boulot et la fille aurait le choix entre partir et alerter le reste des ferrailleurs de Bright Sands. De toute manière, il avait perdu sa chance. Il avait été chanceux et il le rejetait.

— Je suis désolé, répéta-t-il.

Il n'était pas sûr d'être désolé pour Pima, pour lui-même ou pour la fille qui le regardait avec ces immenses yeux noirs, et qui, s'il retrouvait sa chance, ne passerait pas la nuit.

— Je suis désolé.

— La marée monte, abrégea Pima. Si tu veux être un héros, tu dois faire vite.

La fille était coincée sous toutes sortes d'objets, de tiroirs et, surtout, le grand lit. Il leur fallut près d'une heure pour la libérer. Elle ne prononça pas un mot. Une fois seulement, elle gémit, quand ils déplacèrent une commode et que Nailer craignit de l'avoir écrasée. Mais quand ils dégagèrent enfin son corps, glacé et tremblant, elle sembla entière. Elle était couverte de sang, ses vêtements étaient trempés et déchirés, mais elle était vivante.

Pima inspecta ce corps.

— Putain, Nailer, elle est presque aussi chanceuse que toi !

Puis elle eut une mimique de dégoût quand elle se rendit compte que, à cause de l'épaule de Nailer, c'était elle qui devrait jouer le rôle de sauveteur.

— Elle ne va pas t'embrasser pour te remercier si tu ne te ressaisis pas, se moqua-t-elle.

— La ferme, répliqua Nailer.

Il était très conscient de la silhouette mince de la fille sous ses vêtements détrempés, des courbes de son corps, des bouts de cuisse ou de gorge qui dépassaient du tissu déchiré.

Pima se contenta de rire. Elle souleva la noyée, la sortit de la cabine et traversa tout le vaisseau pour rejoindre le trou dans la coque. La fille était lourde, incapable de marcher ou d'aider d'une quelconque façon. Elle aurait tout aussi bien pu être morte, ronchonna Pima en la tirant à l'extérieur. Nailer et elle durent unir leurs efforts pour la descendre jusqu'aux vagues. Puis Nailer la fit maladroitement glisser entre les bras de Pima et ils titubèrent dans la marée montante.

— Va chercher l'argenterie, merde ! ordonna Pima. Récupère au moins ce sac. Si quelqu'un trouve l'épave, il vaut mieux qu'on cache le butin.

Nailer refit le tour du bateau pour tout ramasser. Quand il se retrouva à nouveau au pied de la coque, Pima était seule dans l'eau, les vagues lui montaient jusqu'aux cuisses. Un instant, il crut qu'elle avait noyé la fille, mais il aperçut des vêtements pâles étalés sur les rochers.

Pima sourit.

— T'as cru que je l'avais crevée, hein ?

— Non.

Pima se contenta de rire. Les vagues jouaient autour d'elle, l'éclaboussaient, trempaient son short. Le clipper grinça.

— La mer monte, dit-elle. Allons-y.

Nailer regarda les chantiers de ferrailleurs, de l'autre côté de la baie, qui brillaient dans le soleil couchant.

— On n'atteindra jamais le sable à temps.

— Tu veux que j'aille chercher un bateau ?

— Non. Je suis lessivé. Restons sur l'île, on traversera demain matin. Peut-être qu'on trouvera une idée pour se débrouiller avec le reste du butin.

Pima étudia la fille roulée en boule et tremblante.

— OK. Elle s'en foutra, de toute manière. (Elle désigna le clipper.) Mais si on reste, retournons voir ce qu'on peut encore trouver là-dedans. Il y a de la bouffe. Et plein d'autres trucs. On campera sur l'île et on la ramènera demain.

Nailer eut un salut moqueur.

— Bonne idée.

Dans la coquerie, il trouva des muffins gonflés d'eau et de sel. Des mangues, des bananes, des grenades abîmées qui avaient roulé un peu partout. Du bœuf salé encore comestible auquel on avait à peine touché. Un jambon. Il y avait tellement de viande qu'il n'en croyait pas ses yeux et ne pouvait s'empêcher de saliver.

Il traîna le tout dans un sac en toile récupéré dans la cuisine jusqu'au trou de la coque, dont il descendit prudemment. L'eau continuait à monter et le ralentit lorsqu'il rejoignit l'île, la bougette à bout de bras au-dessus de la tête. En la posant, il remarqua que la survivante tremblait et retourna au bateau. Il y faisait presque noir. Il dénicha des couvertures de laine épaisse, humides mais toujours chaudes, et il les emporta.

Quand il retraversa, l'eau lui arrivait à la taille. Il maintint les couvertures au-dessus de sa tête, tituba sur le rivage, laissa tomber sa charge, jeta un coup d'œil à la fille qui tremblait encore.

— Tu ne l'as toujours pas tuée, hein ?

— Je t'ai dit que je ne le ferais pas. (Pima désigna la fille d'un hochement de tête.) T'as de quoi faire un feu ?

Nailer haussa les épaules.

— Nan.

— Putain, Nailer ! (Elle était exaspérée.) Elle a besoin d'un feu si tu veux qu'elle survive.

Elle retourna vers l'épave, pataugea dans les vagues. Le soir tombait.

— Regarde s'il y a de l'eau potable aussi, lui lança Nailer.

Il ramassa les couvertures et les emporta plus haut, à la recherche d'un endroit à peu près plat. Après avoir trouvé une zone convenable, près des racines d'un cyprès, il la nettoya de ses cailloux et des lianes de kudzu.

Quand il retourna au rivage, Pima était revenue avec un chargement de meubles brisés. Elle avait aussi dégoté du kérosène et un briquet au milieu des ordures de la coquerie. Après quelques allers-retours pour rapporter le tout ainsi que du petit bois à leur camp, ils soulevèrent la fille. Toute cette activité tirait douloureusement sur l'épaule et le dos de Nailer. Il remercia le Destin de ne pas avoir dû travailler aujourd'hui. C'était déjà bien assez dur comme ça.

Les meubles s'enflammèrent joyeusement et Nailer coupa des tranches de jambon pour tout le monde.

— C'est bon, hein ? dit-il quand Pima tendit la main pour en reprendre.

— Ouais. Les rupins ont une vie plutôt agréable.

— Nous sommes de vrais rupins, nous aussi. (Il désigna le butin amassé autour d'eux.) Et on mange mieux que Lucky Strike, ce soir.

Il pouvait presque le croire. Le feu crépitait, éclairant Pima et la noyée, illuminant les sacs de nourriture, l'argenterie, la vaisselle, les couvertures de laine venant du nord, l'or des bagues de la fille qui étincelaient comme des étoiles. C'était plus que ce que possédait quiconque sur les chantiers de ferrailleurs. Et il ne s'agissait que de quelques restes du clipper de la fille ! Sa richesse devait être immense. Un vaisseau débordant de nourriture et de luxe, son cou, ses doigts et sa gorge drapés d'or et de pierreries, et le visage le plus beau que Nailer eût croisé. Même les filles dans les magazines de Bapi n'étaient pas aussi belles.

— Elle est foutrement riche, laissa-t-il tomber. Regarde tout ce qu'elle a. C'est plus que ce qu'on voit dans les magazines. (En fait, il se rendait compte que les photos dans ces magazines ne faisaient que semblant de représenter la richesse mais ne représentaient pas ce qu'elle était.) Tu crois qu'elle a sa propre maison ?

Pima grimaça.

— Bien sûr qu'elle a une maison. Tous les riches ont une maison.

— Tu crois que sa maison est aussi grande que son clipper ?

Pima hésita, réfléchit.

— J'imagine que c'est possible.

Nailer mâchonna sa lèvre, considérant leurs propres taudis sur la plage : des cabanes de branches, de planches de récup' et de feuilles de palme qui s'envolaient à la moindre tempête.

Le feu les réchauffa et les sécha. Ils restèrent silencieux un long moment en regardant les meubles brûler.

— Regarde ça, dit soudain Pima.

Les yeux de la fille, fermés depuis longtemps, s'étaient ouverts et fixaient le feu. Pima et Nailer l'étudièrent. Elle les détailla à son tour.

— T'es réveillée, hein ? demanda Nailer.

La fille ne répondit pas. Elle les observait, silencieuse comme une enfant, les lèvres scellées. Elle cilla, posa le regard sur Nailer, mais ne dit rien.

Pima s'agenouilla près d'elle.

— Tu veux de l'eau ? Tu as soif ?

Les yeux de la fille se tournèrent vers elle, mais elle resta muette.

— Tu crois qu'elle est devenue folle ? interrogea Nailer.

Pima secoua la tête.

— J'en sais foutre rien.

Elle versa de l'eau dans une tasse en argent et la proposa à la fille.

— Tu as soif ? Hein ? Tu veux de l'eau ?

La fille se pencha péniblement vers la tasse. Pima porta l'eau à ses lèvres, elle but avec maladresse. Ses yeux étaient plus concentrés, ils les regardaient tous deux. Pima lui offrit davantage d'eau, mais elle détourna la tête et tenta de se redresser. Quand elle fut parvenue à s'asseoir, elle ramena ses membres vers elle et enroula ses bras autour de ses jambes. La lumière du feu dansait, orange et vive, sur son visage. Pima lui proposa une nouvelle fois de l'eau et, cette fois, la fille but vraiment, finit la tasse et fixa la jarre.

— Elle en veut encore, en déduisit Nailer.

La fille réussit à prendre la tasse entre ses mains tremblantes. L'eau dégoulina sur son menton.

— Hé, attention ! (Pima reprit la tasse.) C'est toute l'eau qu'on a pour ce soir.

Elle adressa à la fille un regard irrité, fouilla dans le sac de fruits que Nailer avait rapporté, en tira une orange dont elle détacha un quartier qu'elle proposa à la fille. Cette dernière le dévora avec avidité et en accepta un autre. En regardant, fascinée, Pima séparer les quartiers d'orange, elle avait presque l'air sauvage. Mais, après quelques bouchées supplémentaires, elle se rallongea et sembla se replier sur le sol, épuisée.

Elle sourit faiblement et murmura :

— Merci.

Puis ses yeux se fermèrent.

Pima fit la moue et remonta la couverture sur la silhouette immobile de la fille.

— Je crois qu'on en tient une vivante, Nailer.

— On dirait bien.

Nailer ne savait pas s'il devait être soulagé ou attristé par la survie de la fille. Elle avait l'air paisible, les yeux fermés, la respiration profonde, endormie. Si elle était morte, les choses auraient été tellement plus simples.

— J'espère seulement que tu sais ce que tu fais, marmonna Pima.

# Chapitre 10

S'il était honnête avec lui-même, Nailer admettrait qu'il n'avait aucune idée de ce qu'il était en train de faire. Il s'inventait une nouvelle version de son avenir à chaque instant, dont la seule constante était que la fille de riches, qui n'était plus morte, devait en faire partie, avec ses yeux noirs scintillants, son bijou de nez en diamant, ses bagues en or et tous ses doigts.

Assis près du feu, les bras enserrant ses genoux, il regardait Pima donner le reste de l'orange à cette inconnue.

Deux filles, deux vies différentes. Pima, le teint sombre, forte, couverte de cicatrices, tatouée des entrelacs de son équipe de légers et d'autres symboles de chance, les cheveux courts, les muscles durs, prête à tout, vivante. Et cette autre, la peau bien plus claire, protégée du soleil, avec ses longs cheveux noirs, ses mouvements gracieux, précis, le visage et les bras dépourvus de toute cicatrice.

Deux filles, deux vies différentes, deux chances différentes.

Nailer tira sur sa boucle d'oreille. Pima et lui partageaient un certain nombre de marques : des nœuds patiemment dessinés à l'encre qui leur permettaient de travailler, des mutilations volontaires signes de bénédictions du Saint de la rouille et du Destin, des cicatrices propres à tous les légers. La fille, par contre, n'avait aucun tatouage décoratif, aucune marque de travail, rien. Elle était vierge de tous ces symboles. Nailer était un peu plus petit qu'elle, mais il savait qu'il pouvait la tuer, au besoin. Alors que, dans un combat, jamais il ne pourrait vaincre Pima. La fille de riches était une faible.

— Pourquoi ne m'avez-vous pas tuée ?

Nailer sursauta. Les grands yeux noirs s'étaient ouverts et le regardaient à travers le feu, réfléchissant les flammes qui dévoraient les meubles et les cadres démantelés.

— Pourquoi ne m'avez-vous pas tuée quand vous en aviez l'opportunité ? répéta la fille.

Son accent était exquis, précis, cultivé. Comme celui des big boss qui venaient parfois jauger leur travail et offraient des bonus aux meilleurs ferrailleurs. Les mots étaient parfaitement formés, sans accroc, sans rugosité. Elle accepta le dernier quartier d'orange des mains de Pima et prit son temps pour le savourer. Précautionneusement, elle se redressa.

Ses yeux passèrent de Nailer à Pima.

— Vous auriez pu me laisser mourir. (Elle essuya le coin de sa bouche avec sa paume et y lécha le jus de l'orange.) J'étais coincée. Vous auriez pu vous enrichir de mon or. Pourquoi ?

— Demande à Lucky Boy, dit Pima, dégoûtée. Ce n'était pas mon idée.

La fille se concentra sur Nailer.

— On vous appelle Lucky Boy ?

Nailer était incapable de décider si elle était sérieuse ou si elle se moquait de lui. Il passa outre son malaise.

— J'ai trouvé ton épave, non ?

Elle eut un petit sourire.

— Alors, cela fait de moi une Lucky Girl, n'est-ce pas ?

Ses yeux pétillaient.

Pima éclata de rire. Elle s'accroupit à côté de la fille.

— Ça, c'est clair. Une putain de Lucky Girl ! (Ses yeux se posèrent sur les doigts de la fille avec envie, tout cet or sur cette peau cuivrée.) Une sacrée putain de Lucky Girl.

— Alors pourquoi ne m'avez-vous pas dépouillée ? Pourquoi n'êtes-vous pas partis ? (Elle leva la main montrant les endroits où les couteaux avaient entaillé la peau.) Vous auriez pu transformer mes doigts en amulettes du Destin, non ? Vous auriez pu avoir mon or et les os de mes doigts.

Ses traits lisses s'étaient durcis. Nailer comprit qu'elle était intelligente. Faible, certes, mais pas stupide. Il ne pouvait s'empêcher de penser qu'il avait eu tort de la sauver. Quand on faisait quelque chose, il était difficile de déterminer si c'était intelligent ou dangereux. Et cette fille semblait déjà occuper toute la place autour du feu. Elle le possédait. Elle posait des questions au lieu de donner des informations.

Lucky Strike riait toujours comme un fou lorsqu'il disait que la frontière entre l'intelligence et la stupidité était mince. En entendant cette fille le taquiner ou le railler, Nailer eut soudain l'impression de comprendre pourquoi.

— Un seul de mes doigts aurait fait une bonne amulette, reprit-elle. Il vous aurait rendus délicieusement chanceux.

Une fois encore, Pima rit. Nailer fronça les sourcils. Des dizaines d'avenirs s'ouvraient devant lui, dépendant de sa chance, de la volonté du Destin et de la variable que représentait cette fille. Ces chemins de vie s'éloignaient de lui dans des directions différentes. Il les examina l'un après l'autre, mais il ne pouvait pas voir plus loin qu'un ou deux pas.

En fouillant les yeux perçants de la fille de rupins, il se rendit compte qu'il avait omis un élément. Il ne savait rien d'elle. Par contre, il connaissait le pouvoir de l'or. L'or permettait d'acheter la sécurité, offrait le salut loin des épaves et du travail. Lucky Strike avait choisi ce chemin. Nailer aurait été plus avisé de laisser Pima égorger la fille.

Mais s'il existait d'autres chemins ? S'il y avait une récompense ? Si la fille pouvait être utile ?

— Il y a une équipe à ta recherche ? demanda-t-il.

— Une équipe ?

— Quelqu'un qui veut te ramener chez toi ?

Les yeux de la fille ne quittaient pas les siens.

— Bien sûr, répondit-elle. Mon père doit être à ma recherche.

— Il est riche ? s'enquit Pima. Un rupin comme toi ?

Nailer lui décocha un regard irrité. Lucky Girl eut l'air amusée.

— Il paiera, si c'est ce que vous voulez savoir. (Elle tendit les mains.) Il paiera plus que ce que valent mes bijoux. (Elle ôta une bague et la jeta à Pima qui l'attrapa, surprise.) Plus que ça. Plus que tout ce que vous tirerez du clipper. (Elle les regardait, sérieuse.) Vivante, j'ai plus de valeur que mon or.

Nailer échangea un regard avec Pima. Cette fille savait ce qu'ils voulaient, elle les connaissait. Comme une sorcière des plages, elle pouvait lancer les os et lire directement son âme, ses faims, son avidité. Il était furieux d'être aussi transparent. Il se sentait comme un petit garçon, aussi stupide que les gosses pouilleux derrière la baraque de Chen qui espéraient qu'on leur jetterait des restes. Elle savait.

— Comment être certain que tu ne mens pas ? demanda Pima. Qui nous dit que tu as quelque chose à offrir ? Ce ne sont que des paroles.

La fille haussa les épaules, indifférente. Elle effleura ses bagues.

— Je possède des maisons dans lesquelles cinquante serviteurs attendent que je les sonne pour m'apporter ce que je désire. Je possède deux clippers et un dirigeable. Mes gens portent une livrée d'argent et de jade, et je les rémunère en or et en diamants. Vous en aurez aussi, si vous m'aidez à joindre mon père.

— Peut-être, fit Nailer. Mais peut-être que tu ne possèdes que cet or à tes doigts et que nous aurions mieux fait de te tuer.

La fille se pencha en avant. Son visage éclairé par les flammes, elle semblait soudain très froide.

— Si vous me faites du mal, mon père viendra et vous fera disparaître, vous et les vôtres, de la surface de la terre, puis il nourrira les chiens avec vos restes. (Elle se redressa.) Vous avez le choix : vous pouvez devenir riches en m'aidant ou mourir pauvres.

— Rien à foutre, s'exclama Pima. Noyons-la et nous serons tranquilles.

Un nuage d'incertitude assombrit le visage de la fille, un très bref instant que Nailer aurait manqué s'il ne l'avait pas observée avec autant d'attention.

— Tu devrais faire gaffe, menaça-t-il. Tu es seule. Personne ne sait où tu es ni ce qui t'est arrivé. Tu pourrais t'être noyée dans l'océan. Tu pourrais juste avoir disparu, et même le vent et les vagues ne se souviendraient pas que tu as existé. Tu es loin de tes serviteurs, rupine.

— Non. (La fille rassembla les couvertures autour d'elle, comme une cape, et regarda l'océan sous la lune.) Le GPS et le système de détresse du clipper les ont informés de l'endroit où chercher. Ce n'est qu'une question de temps. (Elle sourit.) Mon… équipe sera bientôt là.

— Mais, pour l'instant, tu n'as que Pima et moi, lui retourna Nailer. Et nous ne faisons pas partie de ton équipe. (Il se pencha vers elle.) Tes gens peuvent nous faire beaucoup de mal, nous arracher les entrailles, nous trancher les doigts, mais ça ne nous fait pas peur, Lucky Girl. (Il avait bien détaché les syllabes du surnom. Il désigna les chantiers des ferrailleurs sur la plage.) Nous crevons ici tous les jours. Tout le temps. Je serai peut-être mort demain. Je suis peut-être mort il y a deux jours. (Il cracha.) Ma vie ne vaut pas un mètre de cuivre. (Il la regarda droit dans les yeux.) Pour que ta vie ait plus de valeur que ton or, il faut qu'elle nous permette de nous tirer d'ici. Sinon, tu pourrais tout aussi bien être déjà cannée.

Dès que les mots eurent franchi ses lèvres, il eut conscience qu'ils exprimaient la vérité. Il était en enfer. Les chantiers étaient l'enfer. D'où que vienne cette fille, quoi qu'elle vive, c'était mieux que tout ce qu'il connaissait. Même Lucky Strike, dont tout le monde croyait qu'il vivait comme un roi, n'était rien comparé à cette enfant gâtée. Cinquante serviteurs ! Lucky Strike disposait de Raymond, Blue Eyes et Sammy Hu, et c'était suffisant pour se faire respecter. Et Lucky Strike souriait et se pliait en deux quand les grands patrons de Lawson & Carlson descendaient de leur train spécial pour inspecter les chantiers. Cette fille, elle, venait carrément d'une autre planète.

Et elle allait y retourner.

— Si tu veux rester en vie, décida-t-il, tu nous emmènes.

Elle hocha lentement la tête.

— C'est juste.

— Elle ment, cracha Pima. Elle gagne du temps, c'est tout. Elle ne fait pas partie de notre équipe. Quand ses gens se pointeront, elle repartira avec eux et nous devrons retourner aux chantiers. (Elle jeta un coup d'œil vers la plage où gisaient les épaves de tankers.) Si on a de la chance.

— C'est vrai ? (Nailer scruta le visage de la fille, tentant de deviner si elle mentait.) Tu vas nous laisser tomber ? Nous renvoyer aux ferrailleurs quand tu retourneras à ta vie de friquée ?

— Je ne mens pas, affirma la fille.

Elle ne cherchait pas à échapper à son regard. Au contraire, elle le soutenait, aussi dure que l'obsidienne.

Nailer sortit son couteau et contourna le feu.

— On va voir ça.

Elle se recroquevilla, mais il lui attrapa le poignet. Elle avait beau se débattre, il était plus fort qu'elle. Nailer leva le couteau. Pima bloqua la fille par les épaules.

— Juste un peu de sang, Lucky Girl, susurra-t-elle. Pour se rassurer.

La fille ne faisait pas le poids contre Pima.

Nailer lui attrapa une main. Elle résista de toutes ses forces mais il lui ouvrit les doigts et lui entailla la paume, les yeux dans les yeux, souriant.

— Tu jures que tu ne mens pas ? demanda-t-il. On va où tu vas quand tu pourras partir ?

La fille haletait, effrayée, paniquée, ses yeux passant de la lame aux yeux de Nailer.

— Je le jure, murmura-t-elle. Je le jure.

Il continua à chercher des signes de trahison sur son visage, s'assurant qu'elle n'imiterait pas Sloth en les poignardant dans le dos. Puis il interrogea Pima du regard. Celle-ci hocha la tête pour l'encourager.

— Je crois qu'elle le veut.

— Je crois aussi.

Nailer enfonça la lame dans la paume. Le sang jaillit. La fille sursauta, ses doigts tremblant, mais elle ne cria pas. Nailer incisa sa propre paume et la pressa contre celle de la richarde.

— Équipière, Lucky Girl, déclama-t-il. Je protège tes arrières, tu protèges les miens.

Il ne la quittait pas des yeux.

Pima bouscula un peu la fille.

— Vas-y. Répète.

Lucky Girl bégaya mais elle prononça les mots.

— Je protège tes arrières, tu protèges les miens.

Nailer hocha la tête, satisfait.

— Une bonne chose de faite.

Il ouvrit la main de la fille et passa son pouce sur la blessure. Elle déglutit quand il posa le pouce ensanglanté sur son front, puis frémit quand il dessina comme un tatouage de sang entre ses yeux, un troisième œil marquant leur destin commun.

— Maintenant, à toi de le marquer, expliqua Pima. Le sang avec le sang, Lucky Girl. C'est comme ça qu'on fait. Le sang avec le sang.

La fille s'exécuta, plongeant son pouce dans la blessure de Nailer et marquant son front.

— Bien. (Pima s'agenouilla.) À mon tour.

La mer était partout quand ils descendirent jusqu'à l'eau noire pour rincer le sang sur leurs mains avant de remonter vers leur campement. Ils étaient seuls et isolés dans l'obscurité. Enflammée par l'activité de la journée, l'épaule de Nailer était douloureuse, il avait du mal à grimper. Les vêtements déchirés par la végétation, Lucky Girl titubait bruyamment devant eux, elle n'était pas habituée à ce genre d'exercice et s'essoufflait rapidement. Nailer regardait ses jambes minces et lisses sous sa jupe.

Pima le gifla.

— Quoi ? Tu penses que tu peux la culbuter après lui avoir planté un couteau dans la main ?

Il sourit et haussa les épaules, gêné.

— Elle est sacrément jolie.

— Et elle le sera sans doute davantage une fois propre. (Pima baissa la voix.) Tu penses qu'on peut la considérer comme une équipière ?

Nailer s'arrêta dans la montée, fit lentement tourner son épaule et sentit la blessure le brûler jusque dans son dos.

— Faire partie de l'équipe ne valait pas un pet de rouille pour Sloth. Être équipiers signifie seulement qu'on sue tous ensemble sur le même bateau. (Il haussa les épaules et se crispa sous la douleur.) Mais ça vaut le coup de tenter le pari, non ?

— Tu as vraiment envie de te tirer d'ici ?

Nailer hocha la tête.

— Ouais. C'est la seule chose intelligente à faire. *Vraiment* intelligente. Il n'y a rien pour nous ici. On se tire ou on crève comme les autres. Même Lucky Strike a souffert de la tempête. Et être patron n'a rien rapporté à Bapi non plus. Ça l'a juste tué.

— Lucky Strike s'est beaucoup mieux débrouillé que nous.

— C'est clair ! (Nailer cracha.) Comme ce que dit le cochon dans la porcherie quand son frère se fait embrocher pour le dîner. On est toujours dans la porcherie. Et on va toujours crever.

# Chapitre 11

Lorsque Nailer se réveilla, le soleil brillait à l'aveugler. Il savoura le luxe d'avoir encore quelques heures devant lui avant que la marée soit assez basse pour rejoindre la côte. À cette heure, n'importe quel autre jour, il serait au travail, rampant dans une conduite avec de la peinture LED étalée sur le front comme une marque de chance, respirant la poussière et les déjections de souris, suant dans le noir.

Le soleil filtrait par le feuillage des fougères et des cyprès, dessinant des taches de lumière et d'ombre. Des voix interrompirent ses pensées.

— Non, ne mets pas tout ce putain de bois à la fois. Vas-y doucement.

La voix de Pima. Lucky Girl lui répondit quelque chose que Nailer ne comprit pas, mais elle ne paraissait pas très intéressée par les ordres de Pima.

Il se redressa et se cabra sous la douleur. Son épaule était en feu, une douleur profonde qui brûlait comme de l'acide. Il l'avait trop sollicitée la veille en fouillant le clipper, en sauvant la fille, et, maintenant, il était dans la merde. Il fit prudemment bouger son bras pour décrisper les muscles endoloris.

— Tu es réveillé ?

Il leva les yeux. Lucky Girl l'observait à travers les fougères. À la lumière du jour, elle était toujours aussi jolie. Sa peau cuivrée était lisse et propre, fraîchement nettoyée. Elle avait noué ses longs cheveux noirs en arrière et cela mettait en valeur la structure délicate de son visage. Elle lui sourit.

— Pima veut savoir si tu es debout.

— Je suis réveillé.

— Arrête de lambiner, Nailer, cria Pima. C'est l'heure du petit déjeuner.

— Ouais ?

Nailer se leva et écarta les fougères pour rejoindre les filles accroupies autour d'un nouveau feu. En bas, sur l'eau, le clipper était toujours là, la marée l'avait ballotté mais il était tellement empêtré dans les rochers qu'il n'avait pas quitté la baie. La chance tenait bon, particulièrement s'ils voulaient que les gens de la fille la retrouvent rapidement.

Ne voyant rien à manger autour du feu, il demanda :

— Qu'est-ce qu'il y a pour le petit déjeuner ?

— Ce que tu vas nous préparer, répondit Pima.

Lucky Girl et elle éclatèrent de rire.

— Ha ha ! (Nailer grimaça.) Sérieusement, qu'est-ce que vous avez préparé ?

— Ne me regarde pas. (Pima se laissa couler en arrière sur le sol sablonneux.) J'ai fait le feu.

Nailer la foudroya du regard.

— Nous ne sommes pas sur le chantier, Pima. T'es pas mon faucon.

Elle éclata de rire.

— J'imagine que tu vas avoir faim, alors.

Nailer leva les yeux au ciel et fouilla dans les sacs qu'ils avaient rapportés du bateau.

— Ne sois pas surprise si tu trouves de la morve dans ce que tu vas manger.

Pima se redressa.

— Si tu craches dans ma bouffe, je te cracherai dans la gueule.

— Ah ouais ? (Nailer se retourna.) Tu veux essayer ?

Pima se contenta de rire.

— Tu sais bien que je te mettrais la pâtée. Prépare donc le petit déjeuner et sois reconnaissant qu'on t'ait laissé dormir.

Lucky Girl intercéda.

— Je vais t'aider.

Nailer secoua la tête.

— T'inquiète pas de ça. Pima ne cuisine pas parce que ce serait dégueulasse. Tout en muscles, rien dans la tête. (Il sortit des fruits d'un sac, fouilla dans le reste de la nourriture.) Regardez ça !

Il souleva un sac de grain.

Pima se redressa, intéressée.

— Qu'est-ce que c'est ?

— Des grains de blé tendre.

— C'est bon ?

— Plutôt. Ça se mâche mieux que le riz. (Il s'interrompit, pensif.) Vous avez du sucre, vous les rupins ? demanda-t-il à la fille.

— Sur le bateau, répondit-elle.

— Vraiment ? (Nailer regarda vers l'eau. Il n'avait pas envie de descendre et encore moins de remonter.) Tu peux nous rapporter du sucre et de l'eau douce ?

Lucky Girl hocha la tête, étonnamment volontaire.

— Bien sûr.

Nailer continua à fouiller dans les réserves pendant qu'elle disparaissait en bas de la colline.

— Putain ! J'arrive pas à croire à toute cette bouffe.

— Ils font des festins tous les jours, commenta Pima.

— Tu te souviens de ce pigeon que Moon Girl m'a offert comme cadeau de chance ?

— C'était bon.

Nailer tourna vivement la tête vers la fille qui descendait vers le bateau.

— Je te parie qu'elle ne serait pas d'accord.

— C'est pour ça que tu veux partir avec elle ?

Nailer haussa les épaules.

— Je n'y avais jamais pensé avant hier soir. (Il resta silencieux un instant, cherchant ses mots.) Tu as vu sa cabine ? Toute cette richesse, ce n'est rien pour elle. Et ses bagues. Si tu lui prenais son diamant de nez, tu serais riche. Mais elle ne s'en rend même pas compte.

— Ouais. Elle est plus que riche, c'est clair. Mais elle n'est pas comme nous, elle n'est pas de l'équipe, quoi que tu dises. Et je ne lui fais pas confiance. Je lui ai posé des questions sur sa famille, qui ils étaient… (Pima secoua la tête.) Elle a baissé les yeux et esquivé, comme Pearly quand on lui demande pourquoi il croit qu'il est Krishna. Elle nous cache des choses. Ne lui fais pas confiance juste parce qu'elle est jolie.

— Ouais. Elle est intelligente.

— Plus que ça. Rusée. Tu vois tout cet or sur ses doigts ? Ben il en manque ce matin. Je ne sais pas où elle l'a planqué, mais il en manque. Elle dit des trucs sur sa loyauté, mais elle a son propre jeu.

— Et nous pas ?

— Ne fais pas semblant, Nailer. Tu sais ce que je veux dire.

Le ton employé par Pima força Nailer à lever les yeux.

— Je t'entends, chef. On la surveillera bien. Maintenant, laisse-moi cuisiner.

Il trouva un sachet de fruits secs inconnus et en goûta un. C'était acide et sucré à la fois. Sacrément bon. Il en jeta un à Pima.

— Tu sais ce que c'est ?

Elle goûta.

— Connais pas. (Elle tendit la main.) Donne-m'en encore.

Il sourit.

— Pas question. Je vais m'en servir. Tu attendras.

Il posa le sachet à côté des grains de blé et évalua la profusion de nourriture, que les passagers du clipper devaient trouver banale.

— Je n'avais jamais vraiment réfléchi à ce qu'on endure ici. Pas avant hier. Pas avant de la rencontrer. (Il s'interrompit une seconde.) Mais je peux pas m'empêcher de penser. Si elle est tellement riche, il y en a forcément d'autres comme elle. Il y a de l'argent. Mais pas ici. Et la richesse de Lucky Strike est une blague en comparaison de la sienne.

— Alors tu crois que tu peux juste partir et vivre avec elle ? Vivre heureux et avoir beaucoup d'enfants ?

— Ne te moque pas. Même les gens de son équipe sont plus riches que Lucky Strike.

— Si elle dit la vérité.

— Tu sais bien que c'est vrai. Et tu sais que, si on reste ici, on n'aura jamais rien.

Pima hésita.

— Tu crois qu'on pourrait emmener maman ? demanda-t-elle.

— C'est ça qui t'inquiète ? (Nailer sourit.) Nous avons sauvé la vie de la rupine. Elle a une dette de sang. Bien sûr qu'on peut l'emmener.

— Et Moon Girl ? Et Pearly ? Le reste de l'équipe ?

Nailer resta silencieux un instant.

— Lucky Strike n'a pas partagé, répondit-il finalement. Il s'est débrouillé tout seul.

— Ouais…

Pima n'avait pas l'air convaincue, mais elle fut interrompue par le retour de Lucky Girl qui se frayait un passage entre les arbustes.

— J'ai tout, annonça-t-elle, haletante mais joyeuse.

— Bien. (Nailer sourit à Pima.) Elle pourrait se débrouiller avec les légers quand le boulot reprendra, hein ?

Pima ne sourit pas.

— Elle ferait fortune dans les baraques à putes aussi.

Elle se détourna.

La fille fronça les sourcils.

— Que lui arrive-t-il ?

— Rien, répliqua Nailer. Elle est toujours de mauvaise humeur quand elle a faim.

Il souleva la jarre d'eau que Lucky Girl avait rapportée et laissa échapper un cri. Son épaule était en feu. Il faillit laisser tomber la jarre.

Pima s'inquiéta :

— Qu'est-ce qu'il y a ?

— Mon dos, souffla Nailer entre ses dents serrées. Ça fait aussi mal qu'une piqûre de serpent.

— Ça, ça veut dire que c'est infecté.

Elle s'approcha de Nailer.

— Non. (Il secoua la tête.) On l'a nettoyé.

— Laisse-moi voir.

Elle écarta les bandages et eut un mouvement de recul. La fille jeta un coup d'œil et déglutit.

— Qu'est-ce que tu t'es fait ?

Nailer tourna la tête mais il ne voyait rien.

— C'est si terrible que ça ?

— C'est méchamment infecté. Il y a du pus partout. (La fille s'approcha, sûre d'elle.) Laisse-moi regarder. J'ai reçu une formation de premiers secours à l'école.

— Rupine, grommela Nailer.

La fille ignora la remarque. Elle palpa la blessure. Il serra les dents.

— Tu as besoin d'antibiotiques, déclara-t-elle. Ça sent vraiment mauvais.

Pima secoua la tête.

— On n'a pas ce genre de truc ici.

— Que faites-vous quand vous êtes malades ?

Nailer sourit faiblement.

— On laisse le Destin décider.

— Vous êtes fous ! (La fille examinait la blessure.) Je dois avoir ce qu'il faut sur la *Sorcière du vent*. Il y a tout un placard à pharmacie. On devrait bien y trouver une sorte de cilline.

Nailer la repoussa.

— Mangeons d'abord.

— Tu délires ? (Elle lança un regard à Pima.) On n'attend pas avec une infection pareille. On s'en occupe tout de suite.

Nailer haussa les épaules.

— Maintenant ou plus tard, quelle est la différence ?

— Ça ne peut qu'empirer. (Son visage se durcit.) Et on en meurt. Cela ressemble à une superbactérie. Il faut faire quelque chose rapidement ou tu ne t'en sortiras pas.

Sans prévenir, Lucky Girl enfonça son pouce dans son dos, au cœur de la blessure. Nailer hurla et s'écarta brutalement. Il se mit à haleter en se tenant l'épaule, au bord de l'évanouissement.

Quand il eut repris le contrôle de lui-même, il demanda :

— Pourquoi t'as fait ça ?

— Secoue-toi, Nailer ! Tu ne peux pas recevoir de récompense pour m'avoir sauvée si tu es mort. On va te descendre jusqu'à mon clipper et te réparer un bon coup.

— Secoue-toi, rit Pima en frappant doucement Lucky Girl sur l'épaule. La rupine commence à parler comme nous. (Elle sourit à nouveau puis adressa un regard sévère à Nailer.) Elle a raison. Ta mère aurait été sacrément contente d'avoir assez d'argent pour de la cilline. Tu veux partir comme elle ?

La sueur et les sanglots. Sa peau en feu, gonflée par l'infection. Ses yeux rouges remplis de pus.

Nailer frissonna.

— OK. Vous voulez jouer au docteur ? Allons-y. (Il attrapa une orange.) Je ne vais pas finir comme ma mère. Ça n'arrivera pas.

Malgré ses affirmations bravaches, la descente fut suffisamment rude et douloureuse pour l'inquiéter. Son bras, son épaule, son dos, tout était en feu. Pima et la fille le guidèrent avec précaution, le soutenant toutes deux comme s'il était une vieille femme faite de brindilles.

Les mots de la fille résonnaient encore dans ses pensées. Une récompense ne lui rapporterait rien s'il était mort. Il lutta contre la peur qui grimpait en lui, mais elle continua à le chatouiller du fond de son esprit.

Il avait vu des blessures s'infecter, pourrir et gangrener. Il avait vu des moignons couverts de vers après l'amputation. Il pouvait parader, la peur se renforçait. Sa mère avait prié Kali-Marie-Miséricorde et elle était morte dans un nuage de mouches, terrassée par la fièvre et la douleur. En lui, un fond de superstition se demandait si le Dieu Ferrailleur n'était pas en train d'équilibrer la balance. D'un côté son Lucky strike, de l'autre une infection qui pouvait le tuer avant qu'il ne puisse en bénéficier. Sadna avait raison. Il aurait dû faire plus d'offrandes au Dieu Ferrailleur et au Destin après être sorti du pétrole. Il s'était contenté de cracher sur sa chance.

Ils atteignirent l'océan. Pendant la nuit, le clipper s'était retourné jusqu'à être pratiquement droit, rendant encore plus difficile la montée à bord. Tous ses muscles tendus, Pima réussit à hisser Nailer, et à le traîner comme un cochon mort avant de l'étendre sur le pont de fibre carbone et de descendre dans le bateau avec la fille.

Quand elles revinrent enfin, l'une et l'autre secouaient la tête.

— La pharmacie s'est ouverte sous le choc, annonça la fille, et l'océan a tout avalé. (Elle étudia l'épave du clipper.) Je ne vois rien dans l'eau. Tout a disparu.

Pour ne pas paraître affecté par la nouvelle, Nailer haussa douloureusement les épaules.

— Quand tes gens arriveront, ils me donneront des médicaments.

En prononçant ces mots, il se demanda combien de temps il lui restait. Il tremblait, à présent. Même assis en plein soleil, il était glacé.

— Ça ne sera plus très long avec tes satellites, hein ?

— Plus trop.

La fille n'avait plus l'air si sûr d'elle.

Pima désigna les bijoux.

— Avec ton or, on pourrait sans problème acheter des médocs à Lucky Strike.

Le regard de la fille se détacha de Nailer.

— Ce Lucky Strike dispose de médicaments ?

— Évidemment, affirma Pima. Il est en cheville avec les boss. Ils lui envoient des trucs par le train.

— Non ! (Nailer secoua la tête.) Si on fait ça, tout le monde sera au courant pour l'épave. Ils prendront tout. (Il frissonna.) Nous devons rester discrets jusqu'à ce que l'équipe de Lucky Girl débarque. Après, on pourra faire ce qu'on veut. Si on laisse des gens approcher maintenant, ils vont se ruer sur notre varech.

— Ce n'est pas votre butin, réagit vivement la fille. C'est la *Sorcière du vent* et c'est mon bateau.

Pima secoua la tête.

— Ce n'est plus qu'une épave. Et tu n'es vivante que parce que Nailer est plus gentil que la plupart des gens. Il a eu une sorte d'expérience religieuse. Maintenant, il a l'œil de fièvre, ça ne fait pas un pli.

Nailer secoua la tête.

— Je n'ai pas l'œil de fièvre !

— Tu ne penses pas que tu paies le prix de toute ta chance ?

— Qu'est-ce que l'œil de fièvre ? intervint la fille.

Pima la dévisagea, perplexe.

— Tu sais pas ce que c'est ?

Elle secoua la tête.

— Jamais entendu parler.

— Quand les mourants voient l'avenir. Leur dernier regard avant que le Destin ne les prenne.

— Je n'ai pas l'œil de fièvre, répéta Nailer. (Il se sentait fatigué, il se laissa lourdement tomber sur le pont en pente.) Peut-être que si je lavais la blessure, ça irait mieux.

— Ne sois pas idiot, feula Pima. Rien ne va te guérir à part des médicaments.

Nailer posa sa tête sur ses bras.

— Combien de temps avant que tes gens se pointent ?

Lucky Girl haussa les épaules.

— Le traqueur du GPS va les mener directement ici. Donc très bientôt.

— Tu es aussi importante que ça ?

Elle sembla gênée.

— Plutôt, oui.

— Qui est ta famille ? demanda-t-il. Tu ne dis pas grand-chose sur eux.

Elle hésita.

— Nous sommes dans la même équipe, lui rappela Pima.

— Je m'appelle Chaudhury, Nita Chaudhury.

Ils s'entre-regardèrent en faisant la moue.

— Jamais entendu parler.

— Je porte le nom de ma mère jusqu'à ce que j'hérite. (Elle hésita.) Celui de mon père est Patel.

Elle attendit, impatiente.

— Patel ? releva Pima. Comme dans Patel Global Transit ?

Pima et Nailer échangèrent un nouveau regard, cette fois éberlué.

— Tu es la fille d'un big boss ? demanda Nailer.

Pima, furieuse, se jeta sur la fille et la secoua.

— T'es un de ces putains de suceurs de rouille ?

— Non !

— Patel Global achète pas mal de matériaux ici, expliqua Pima. On voit leur logo tout le temps. Eux, General Electric, FluidDesign et Kuok LG. Tout le monde s'inquiète des quotas pour que les suceurs de rouille n'aillent pas voir ailleurs. Au Bangladesh ou en Irlande. Lawson & Carlson ne nous fournit même pas de masques filtrants, ils disent qu'ils doivent maintenir les prix au plus bas.

— Je ne sais pas. (Nita avait l'air gênée.) C'est une priorité de l'entreprise de se fournir auprès des vendeurs de matériel recyclé. (Elle hésita.) Le ferraillage a l'air d'être une source possible de commerce pour les composants bruts. (Elle détourna le regard.) Je ne me suis jamais vraiment intéressée à cette activité de la compagnie.

— T'es une putain de rupine ! (Les traits de Pima s'étaient durcis.) T'as de la chance qu'on ne savait pas ça quand t'étais encore coincée sous les meubles de ta chambre.

— Laisse-la tranquille, Pima. (Nailer se sentait de plus en plus mal, épuisé, nauséeux.) On a de plus gros problèmes. (Il pointa l'horizon du doigt.) Regarde !

Pima et Nita se tournèrent vers les hauts fonds dont la marée s'éloignait. Venu des chantiers, un groupe approchait, huit ou dix personnes.

— C'est ton équipe qui vient te chercher ? demanda Pima. Peut-être tes suceurs de rouille ?

Nita ignora l'insulte et allongea le cou pour mieux voir.

— Je ne peux pas dire. (Elle se précipita dans le vaisseau et revint avec une longue-vue qu'elle braqua sur le groupe.) Beaucoup de cicatrices et de tatouages. Ce sont vos amis ?

Pima s'empara de la longue-vue.

— Alors ? la pressa Nita. C'est une de vos équipes de récup' ?

Pima secoua la tête.

— Pire que ça.

Elle tendit la longue-vue à Nailer.

— Ça veut dire quoi, pire ?

Nailer attrapa prudemment la longue-vue de sa main valide et la pointa vers la plage. L'objectif de la lunette glissa sur le sable mouillé et les flaques d'eau de mer jusqu'à rencontrer les silhouettes qui se pressaient vers eux. Il se concentra sur les visages, trouva le chef.

— Sang et rouille ! jura-t-il doucement.

— Qu'est-ce que c'est ? demanda à nouveau Nita. Qui est-ce ?

Pima soupira.

— Son père.

# Chapitre 12

Richard Lopez progressait vite. Il avait une équipe étonnamment importante avec lui, tous les affamés, les gros bras qui jouaient aux contremaîtres quand ça leur chantait et se la coulaient douce le reste du temps. Leurs bijoux de récup' étincelaient, des colliers d'acier autour du cou, des rouleaux de cuivre aux biceps. Les tatouages de travail serpentaient sur leurs corps. Des hommes et des femmes qui avaient fait le plus dur du boulot de lourds avant de quitter les chantiers pour la vie crépusculaire des plages et ses baraques à filles, ses tables de jeu et ses dealers d'opium.

En voyant le sourire de son père, Nailer luttait contre la peur terrible qui prenait possession de lui. Il reconnut quelques autres gorilles. Une femme sèche au visage dur qu'on appelait Blue Eyes et qui terrorisait Nailer peut-être encore plus que son père. Il sursauta en découvrant le plus massif d'entre eux, au moins une tête plus grand que ses compagnons et couvert de muscles. Tool, le mi-bête que Nailer avait vu pour la dernière fois auprès de Lucky Strike. Il y avait aussi Iron Liu, un briseur de crânes du gang des Pythons rouges. Tous étaient dangereux, quoi qu'il advienne.

Les dragons sur les épaules de son père ondulaient. Richard Lopez dirigeait la bande, avançait à grands pas, souriant de toutes ses dents cariées. Dans la lentille de la longue-vue, il paraissait si grand qu'il aurait pu se tenir juste devant eux.

Ce n'était pas seulement l'infection dans son dos qui fit trembler Nailer.

— Il faut se cacher, laissa-t-il tomber.

— Tu crois qu'ils savent déjà qu'on est là ? demanda Pima.

— Espérons que non.

Il tenta de se relever, mais il n'en avait plus la force. Il fit signe à Pima de l'aider.

— Qu'est-ce qui ne va pas avec son père ? demanda Nita.

Nailer grimaça quand Pima lui permit de se redresser. Expliquer ce qu'était Richard Lopez était trop difficile. Parler de son père, c'était comme parler des tueuses de villes. On pensait en avoir une idée jusqu'à ce qu'elles vous tombent dessus et c'était encore pire que dans vos cauchemars.

— Il est mauvais, abrégea-t-il.

Pima se cala sous son bras pour le soutenir et l'aida à descendre du clipper.

— Je l'ai vu tuer un homme sur le ring, raconta-t-elle. Le battre à mort, même après qu'il a été déclaré vainqueur, et l'abandonner le crâne éclaté.

Nailer avait l'impression que son visage était taillé dans le bois. Il regarda à nouveau vers la plage. Les hommes de son père avançaient vite sur les hauts fonds. À cette heure de la journée, ils étaient sûrement défoncés.

— S'ils trouvent notre Lucky Girl, elle est morte, avertit Pima. Ton père ne laissera pas un obstacle entre lui et le varech.

Nailer regarda Nita.

— Ce serait le bon moment pour que tes amis se ramènent.

Nita secoua la tête.

— Il est trop tôt. (Elle ne regarda même pas l'horizon.) Que pouvons-nous faire ?

Nailer et Pima échangèrent un regard.

— Tirons-nous d'ici, décida Pima. Laissons-les fouiller le clipper. Il y a plein de trucs à récupérer. Ça les occupera peut-être assez longtemps pour qu'on puisse quitter l'île. Ce soir ou quelque chose comme ça.

Nailer gardait les yeux braqués vers les silhouettes minuscules.

— Il me cherchera toujours. Même si on rentre.

— Pas sûr. Il est souvent tellement camé qu'il ne se souvient pas qu'il a un fils.

Nailer se remémora la fois où son père, déchiré et furieux, s'était attaqué à un homme deux fois plus carré que lui. Il s'était déplacé à une vitesse hallucinante, une bouteille s'était brisée, du sang s'était étalé sur le sol.

— Ouais. Tirons-nous d'ici.

— Vous êtes sûrs qu'on peut se cacher ? s'inquiéta Nita.

— Vaudrait mieux, siffla Nailer entre ses dents. Parce que, s'ils nous attrapent…

Il secoua la tête.

— Mais n'est-il pas de ta famille ?

— Quand ce type est défoncé, plus rien ne compte, intervint Pima. Même Nailer a la trouille de son père quand il glisse.

— Il glisse ? C'est une drogue ?

Nailer et Pima échangèrent un regard interloqué.

— Le glisse-cristal. Tu connais pas ?

Elle avait l'air de tomber des nues.

— Et les démons rouges ? tenta Pima.

— La roche de sang, ajouta Nailer. Le vent d'acier ? Les crapauds en rut ? Les saigneurs de joie ?

Elle eut un mouvement de recul.

— Saigneurs ?

Pima et Nailer levèrent les yeux au ciel.

— Voilà.

Elle les regarda, horrifiée.

— C'est ce que les rats d'attaque utilisent. Les escouades de combat. Les mi-bêtes. C'est pour les animaux. (Elle se rattrapa.) Je veux dire…

— Les animaux ? (Nailer échangea un sourire fatigué avec Pima.) C'est un peu ça. Nous ne sommes que des animaux ici, on se crève à rapporter de l'argent : tes amis les big boss.

Nita eut la grâce d'avoir l'air gênée. Nailer tituba sur le sable et leva les yeux vers le feuillage de l'île. Il avait le vertige. Il tendit une main vers la fille de rupins.

— Aide-moi. Je crois pas que je peux grimper.

Entre la douleur et l'effort, la traversée du sous-bois fut un véritable cauchemar. Finalement, ils se retrouvèrent dans leur camp de fortune. Nailer se recroquevilla sur le sol, essoufflé, la tête qui tournait. Soixante mètres plus bas, la coque blanche du clipper était encore visible à travers les branchages. Des hurlements de joie s'élevèrent jusqu'à eux, ceux des hommes et des femmes qui se jetaient sur l'épave. Ils criaient et riaient de plaisir. Nailer tenta de se redresser pour voir ce qui se passait mais il allait de plus en plus mal. Il tremblait de froid malgré la chaleur.

— J'ai besoin de couvertures, murmura-t-il.

Les filles l'enveloppèrent dans celles du clipper, mais cela ne changea rien. Il tremblait toujours. De la sueur coulait dans ses yeux. Ses dents claquaient, des vagues de fièvre l'envahissaient.

En bas, son père et ses associés grimpaient sur l'épave avec la grâce sauvage des singes-tigres.

— On est vraiment foutus, dit Pima.

Ses dents claquaient tellement que Nailer ne parvint pas à demander à Pima de surveiller l'autre côté de l'île pour éviter les mauvaises surprises, ni à dire à Nita Chaudhury la rupine qu'elle devait garder sa putain de tête baissée, que les adultes en bas n'étaient peut-être pas très intelligents mais qu'ils étaient diablement rusés et que, lorsqu'ils auraient fini de hurler, ils passeraient l'île au peigne fin pour s'assurer que leur butin était bien à l'abri.

Ils auraient dû s'enfuir avant la marée. Ils avaient été stupides de croire que personne ne viendrait. Le bateau était trop grand pour ne pas attirer l'attention. Les petits charognards comme eux n'avaient jamais beaucoup de temps pour profiter d'une trouvaille avant que les lions ne rugissent pour prendre la plus grande part. Maintenant, ils étaient coincés et ne pouvaient que se cacher, pendant que les lions se promenaient dans la carcasse du clipper, riaient, débouchaient les bouteilles trouvées dans la coquerie, jetaient les assiettes en argent sur le pont et brisaient la porcelaine contre les rochers en hurlant de joie. La porcelaine dont même Pima et Nailer avaient deviné qu'elle avait plus de valeur que l'argenterie. Cela dit, puisqu'on ne pouvait pas la fondre, elle ne valait pas un pet de cuivre sur une plage de ferrailleurs et ils avaient peut-être raison de la détruire. Peut-être même devaient-ils mettre le feu au bateau, noircir le ciel…

Nailer frissonna. Il délirait. Il devait se coucher, se reposer, rester immobile. Il était tellement fatigué.

— Il faut qu'on te ramène aux chantiers, souffla Pima.

Nailer secoua la tête.

— Non, ils attraperaient Lucky Girl.

— Je m'en fous. Qu'elle se cache ou qu'on la trouve. Tu as besoin de médicaments, maintenant.

Il peinait à faire sortir les mots de sa bouche, mais il la regarda de toutes ses forces, essayant de lui faire comprendre : *Elle fait partie de l'équipe. Elle est marquée par le sang, comme toi et moi.*

Pima détourna le regard. Nailer savait ce qu'elle pensait. Il y avait les équipes, consolidées par des années de travail côte à côte, de partage, de prise de risques, d'aloès passé sur les marques que laissait la ceinture de Richard Lopez après une mauvaise nuit, de lutte pour trouver du travail, de sueur versée pour remplir les quotas…

Et il y avait l'équipière d'un jour.

— Pima ! (Il s'accrocha à elle.) Si tu penses que j'ai l'œil de fièvre, alors tu ferais mieux de me croire quand je te dis qu'on doit la protéger, même si c'est une suceuse de rouille. On a besoin d'elle.

Pima ne répondit pas.

Nita s'accroupit près de lui, l'étudia avec inquiétude.

— Il a besoin d'un médecin.

— Ne me dis pas ce dont il a besoin ! répliqua Pima, sèchement. Je sais foutrement bien ce dont il a besoin. (Elle regarda à travers les fougères.) On ne pourra jamais le faire traverser sans être repérés et ils voudront savoir ce qu'on a trouvé. On est coincés.

— Je pourrais descendre, proposa Nita. Je pourrais les distraire.

Nailer secoua violemment la tête. Pima l'étudia et lança un regard vers les hommes en bas.

— Si tu savais vraiment ce que tu offres, je te laisserais faire. (Elle secoua la tête.) Non, c'est hors de question. Tu fais partie de l'équipe de toute façon.

Elle le dit presque comme si elle le pensait.

— Tiens, tiens, les interrompit une voix familière.

Le visage tanné pas le soleil de Richard Lopez apparut entre les lianes de kudzu.

— Je me disais bien qu'on avait vu quelque chose bouger, reprit-il. (Ses yeux s'écarquillèrent.) Nailer ? (Son regard passait à toute vitesse de l'un à l'autre.) Qu'est-ce que vous foutez, les gosses ? Vous vouliez le varech pour vous ? (Il se tourna vers Nita.) Et qui est cette jolie petite chose ? (Ses yeux l'étudièrent, fascinés, il jubilait.) Une fille tendre comme toi ne peut débarquer que d'un bateau de big boss. (Il sourit à Nailer.) Je savais pas que tu baisais avec les rupins, mon garçon. (Ses yeux bleus balayèrent tout le corps de la jeune fille, longuement.) Jolie.

— Elle est dans notre équipe, réussit à articuler Nailer malgré la fièvre.

— Ah ouais ? (Un couteau apparut dans la main de son père.) Venez alors, tous autant que vous êtes. Voyons ce que les légers nous ont trouvé. (Il se retourna et cria :) Par ici !

Un instant plus tard, Blue Eyes, Tool le mi-bête et quelques autres les encerclaient et les houspillaient pour les faire avancer. Ils descendirent maladroitement dans les fougères et les mauvaises herbes sous les commentaires grivois de Lopez et de ses compagnons. Ils sifflaient les filles, les giflaient, les pinçaient et s'esclaffaient quand Pima essayait de se rebeller.

Au pied du clipper, ils se rassemblèrent autour d'eux.

— T'as quelque chose pour nous ? demanda l'énorme mi-bête. (Il souleva Nita comme si elle ne pesait rien et approcha sa gueule de chien, étudiant de ses yeux jaunes le bijou de nez.) C'est un diamant, déclara-t-il. (Tout le monde rit. Un doigt immense toucha le bijou.) Tu me le donnes ? Ou faut-il que je déchire ton joli visage ?

Nita écarquilla les yeux d'effroi et ôta le bijou de son piercing.

— Putain ! jura Lopez. Matez-moi tout cet or !

Pendant que le mi-bête tenait Nita, Blue Eyes et Lopez lui arrachèrent ses bagues des doigts. Elle hurla, mais le père de Nailer pressait son poignard contre son cou, aussi resta-t-elle immobile pendant que Blue Eyes la dépouillait, laissant des traînées de sang sur ses doigts. Le butin les fit tous siffler. Chacune de ces bagues équivalait à plus d'une année de rapines, alors toutes d'un coup… Ils étaient riches et ils en étaient ivres.

Accroupi, fiévreux, Nailer assistait au dépouillement de Nita. Même en plein soleil, il mourait de froid et, pour couronner le tout, il mourait de soif. Les flaques abandonnées par la tempête s'étaient évaporées et, s'il y avait encore de l'eau dans les entrailles du bateau, il était incapable de se lever pour aller en chercher, et aucun des sbires de son père n'allait permettre à Pima ou à Nita de lui en apporter. Tous les adultes évaluaient le montant de leur butin, réfléchissaient à la manière dont ils pouvaient le conserver.

— Il va falloir donner une part à Lucky Strike, décréta finalement son père. On en perd la moitié, mais on n'a pas à se battre et il peut utiliser le train pour transporter le magot.

Le reste de l'équipe hocha la tête. Blue Eyes se tourna vers Nailer, Pima et Nita.

— Et la rupine ?

— Notre jolie petite chérie ? (Lopez regarda Nita.) Tu vas te battre pour défendre tes richesses, chérie ?

— Non. (Nita secoua la tête.) Tout est à vous.

Le père de Nailer éclata de rire.

— Tu dis ça maintenant, mais tu changeras peut-être d'avis plus tard…

Son couteau brilla dans sa main. Il s'approcha et s'accroupit près d'elle, le poignard scintillait entre ses doigts, prêt à l'égorger comme on vide un poisson. Ce n'était rien de l'éventrer et de laisser ses entrailles se dévider sur le pont. Une façon comme une autre de gagner sa pitance. Rien de personnel.

— Je ne vous poursuivrai pas, implora Nita, les yeux dilatés de terreur.

— Tu as raison. (Lopez secoua la tête.) Tu ne feras pas ça. Parce que nous nous foutons de tes promesses et que tes tripes vont nourrir les requins. Tes copains les rupins et les big boss se soucient peut-être de ce qui t'arrive. (Il haussa les épaules.) Ici, tu n'es rien.

Même en proie au délire, Nailer voyait son père rassembler sa violence. Il reconnaissait les signes. Il… *allait frapper, aussi rapide qu'un cobra, me sonner à force de gifles ou de coups de poing dans le ventre.*

Le couteau de boucher brillait dans le soleil. Lopez tira Nita vers lui. Nailer tenta de parler, de dire quelque chose pour la sauver, mais il n'y parvenait pas. Les tremblements étaient devenus trop forts.

Surgissant de nulle part, Pima plongea, le couteau à la main.

Nailer essaya de crier, de l'avertir, mais son père fut plus rapide que lui. D'un revers du bras, il balança Pima sur le côté. Elle s'écrasa sur le pont, son couteau roula sur la fibre carbone et disparut par-dessus bord. Pima était plus costaude que les autres légers, mais elle ne pesait rien face à la vitesse de la glisse de Lopez. Ce dernier lutta avec elle un instant et la coinça dans un étranglement. Les adultes s'approchèrent en criant. Tool verrouilla les bras de Pima dans son dos, la laissant fulminer et se débattre en vain.

Un collier de gouttes vermillon décorait le cou de Lopez.

— Putain, la fille, tu m'as touché !

Il passa ses doigts sur la blessure et leva une main couverte de sang. Nailer était sidéré qu'elle ait été si rapide, qu'elle soit passée si près de l'égorger. Son père inspecta la traînée rouge, puis la montra à la jeune fille.

— Pas mal, rit-il. Tu devrais combattre sur le ring, ma chérie. (Pima luttait contre les mains qui la retenaient. Le père de Nailer se rapprocha.) Tu as failli avoir de la chance ma fille. (Il lui enserra le visage de ses doigts ensanglantés.) Tu n'es pas passée loin. (Il éleva le couteau devant ses yeux.) C'est mon tour maintenant, non ?

— Découpe-la, encouragea un membre du gang.

— Ouvre-la en grand, appuya Blue Eyes. On récupérera son sang pour une offrande.

Emprisonnée par Tool, Pima tressauta mais ne réagit pas quand Lopez appuya la lame contre sa joue. Elle savait qu'elle était morte et elle avait déjà abandonné. Nailer pouvait lire l'acceptation du Destin sur son visage.

— Papa, toussa Nailer. C'est la fille de Sadna. Et Sadna t'a sauvé pendant la tempête.

Son père hésita. Il caressa la mâchoire de Pima de la pointe du couteau.

— Elle a essayé de me tuer.

Nailer insista.

— Paie ta dette à Sadna. Une vie pour une vie. Équilibre la balance.

Son père fronça les sourcils.

— Tu fais toujours le malin, hein ? Toujours à dire à ton père ce qu'il doit faire. Toujours à te croire supérieur. (Le couteau glissa entre les seins de Pima vers son ventre. Lopez regarda Nailer.) T'essaies encore de me dire ce que je dois faire ? Tu me dis de ne pas l'ouvrir comme une truie ? Tu crois que je ne peux pas faire ce que je veux ?

Nailer secoua violemment la tête.

— Si tu veux l'étriper, c'est ton droit. Elle a fait couler le sang. (Il claquait des dents. Rester conscient était déjà un combat en soi. Pima et Nita ne le lâchaient pas du regard.) Tu… tu veux son sang, il est à toi. C'est ton dr… ton droit. (Il se sentait de plus en plus mal, les vertiges se renforçaient. Il inspira profondément, tenta de se souvenir de ce qu'il voulait dire et contraint les mots à franchir ses lèvres, prudent dans leur énonciation.) La mère de Pima m'a aidé à te sortir de la tempête. Personne d'autre ne m'aurait aidé. Personne d'autre n'aurait pu. (Il frissonna.) Nous avons une dette envers Sadna.

— Saloperie de gamin ! (Lopez pencha la tête de côté.) J'ai toujours l'impression que tu me dictes ma conduite.

La voix de Tool retentit comme un coup de tonnerre.

— Plutôt que la mort, peut-être une leçon pour la fille. Un cadeau de sagesse pour la jeunesse.

Nailer leva les yeux vers le mi-bête.

— Je dis juste qu'on doit un quota de sang à Sadna, et tout le monde le sait. C'est mauvais karma si les gens pensent qu'on paie pas nos dettes.

— Mauvais karma. (Lopez fronça les sourcils.) Tu crois que j'en ai quelque chose à foutre ?

— Équilibrer un quota de sang n'est pas une faiblesse, gronda Tool.

Lopez dévisagea le mi-bête.

— Voyez-vous ça ! On dirait que tout le monde veut que cette fille vive. (Il grimaça, recula le couteau et le ramena brutalement vers le ventre de Pima. Elle cria, mais Lopez s'arrêta juste avant de faire couler le sang. Il eut un rictus et éloigna la pointe de Pima.) T'as gagné un tour gratos, la fille. (Il attrapa un de ses bras et planta son regard dans le sien.) On équilibre la balance avec ta mère. Mais ne me menace plus jamais avec un couteau, sinon je t'étranglerai avec tes propres tripes. Pigé ?

Pima opina lentement, ne cilla pas, ne lâcha pas son regard.

— Pigé.

— Bien.

Lopez sourit en ouvrant la main de la jeune fille.

Pima déglutit lorsqu'il attrapa son petit doigt. Nailer frémit en entendant l'os craquer. Pima hurla, puis secoua sa main en gémissant. Lopez enserra son annulaire. Pima haletait. Lopez la regarda à nouveau dans les yeux.

— Tu as compris la leçon maintenant ? (Pima hocha vigoureusement la tête, mais il plia quand même le doigt. Un autre os craqua et Pima hurla.) Tu as bien compris la leçon ? (Pima tremblait, mais elle parvint à hocher la tête. Le père de Nailer sourit, montrant ses dents jaunes.) Content de savoir que tu n'oublieras jamais. (Il examina les doigts cassés puis il releva les yeux vers le visage de la jeune fille. Sa voix était grave, pleine de promesses.) J'ai été gentil avec toi. J'aurais pu prendre tous tes doigts et personne n'y aurait trouvé à redire, même avec la dette de sang. (Ses yeux étaient froids.) Souviens-toi que je n'ai pas pris tout ce que je pouvais prendre.

Il fit un pas en arrière et hocha la tête pour le mi-bête.

— Laisse-la, Tool.

Pima s'effondra sur le pont, gémissante, berçant sa main. Nailer se força à ne pas essayer de la rejoindre, à ne pas tenter de la réconforter. Il voulait se rouler en boule sur le pont chaud et fermer les yeux, mais il ne pouvait pas, il n'avait pas fini.

— Tu… tu vas t'occuper de la rupine, maintenant ?

Ses frissons devenaient incontrôlables.

Son père jeta un œil à la fille attachée.

— Tu as quelque chose à dire pour elle aussi ?

— Elle est super ri… riche, bégaya Nailer. Pour les siens, elle vaut beaucoup. (Une vague de frissons l'interrompit.) Peut-être beau… beaucoup plus que le ba… bateau.

Son père évalua la fille.

— Tu vaux une rançon ? demanda-t-il.

Nita hocha la tête.

— Mon père me recherche. Il paiera pour moi.

— Vraiment ? Beaucoup ?

— C'était mon clipper personnel. Que croyez-vous ?

— Je pense que tu as une sale attitude. (Lopez eut un sourire bestial et autosatisfait.) Mais tu viens de racheter tes tripes, ma fille. (Il lui montra son couteau.) Et si ton père n'est pas assez généreux, on t'ouvrira comme une truie pour voir comment tu cries. (Il se tourna vers son équipe.) Très bien, tout le monde. Sortons le butin. Je ne veux pas partager trop de choses avec Lucky Strike. On rafle tout ce qui est léger et qui a de la valeur. (Il donna un coup de tête vers la mer.) Et vite. Les marées et le Dieu Ferrailleur n'attendent personne.

Puis il éclata de rire.

Nailer se laissa retomber sur le pont. Il avait tellement froid. Son père s'accroupit à côté de lui. Quand il toucha son épaule, Nailer hurla. Lopez secoua la tête.

— Putain, Lucky Boy, on dirait que tu as besoin de médocs. (Il regarda les chantiers de ferrailleurs de l'autre côté de la baie.) Dès qu'on aura sorti une partie du butin, on passera un accord avec Lucky Strike. Il a sûrement de la'cilline. Peut-être même un cocktail suppresseur.

— J'en ai be… besoin ra… rapidement, murmura Nailer.

Son père opina.

— Je sais, fils. Je sais. Mais, quand on ira le trouver, il va bien falloir expliquer comment on payera les médocs et il se posera des questions sur l'origine de tout cet or. (Une des bagues de Nita brilla dans sa main.) Regarde. (Il mira le bijou au soleil.) Des diamants. Des rubis probablement. T'as trouvé une putain de rupine, c'est sûr. (Il fourra la bague dans sa poche.) Mais on ne peut rien vendre tant qu'on n'a pas assuré nos arrières. Sinon, tout le monde va tenter de nous voler. (Il se pencha vers Nailer, sérieux.) C'est une bonne trouvaille, mon garçon. Mais il faut la jouer malin à partir de maintenant, sinon on va tout perdre.

— Ouais, laissa échapper Nailer qui perdait tout intérêt pour la conversation.

Il était à bout. Il avait froid et il était épuisé. Une autre vague de frisson le secoua. Son père hurla à ses hommes de rapporter des couvertures.

— Je reviens, dit-il. Dès qu'on a sécurisé le varech, je te ramène tes médocs. (Il caressa la joue de Nailer, ses yeux pâles brillants et fous.) Je ne vais pas te laisser mourir, fils. T'inquiète pas. On va s'occuper de toi. T'es mon sang et je vais m'occuper de toi.

Puis il disparut et la fièvre envahit Nailer.

# Chapitre 13

— Alors c'est ça ton père, hein ?

Nailer ouvrit les yeux et trouva Nita agenouillée à côté de lui. Il était allongé sur la terre ferme, les bruits de l'océan étaient assourdis par la distance. Une couverture rêche le couvrait. C'était la nuit. Un petit feu crépitait à côté d'eux. Il tenta de se redresser mais son épaule lui faisait mal, il se recoucha. Il sentit des bandages, neufs, différents de ceux que lui avait donnés Sadna dans une autre vie.

— Où est Pima ?

Nita haussa les épaules.

— Ils l'ont envoyée chercher à manger.

— Qui ?

Elle désigna de la tête deux silhouettes assises qui fumaient et se passaient une bouteille de gnole, leurs piercings de gang brillaient dans la pénombre, des anneaux décorant leurs sourcils et leur nez. L'une, Moby, pâle comme un fantôme et rendu anguleux par la prise répétée de glisse-cristal. L'autre, cette ombre énorme couverte de muscles, le mi-bête, Tool. Ils sourirent à Nailer quand il bougea.

— Hé hé, on dirait que Nailer va vivre ! s'exclama Moby en levant sa bouteille dans la direction du garçon. Ton père raconte que t'es un p'tit rat costaud. Il ne pensait pourtant pas que tu t'en sortirais.

— Je suis resté inconscient combien de temps ?

Nita étudia son visage.

— Je ne suis pas certaine que tu sois conscient.

— Haha.

— Trois jours.

Nailer fouilla sa mémoire à la recherche de souvenirs des derniers jours. Il y avait des rêves, des cauchemars mais rien de concret, des périodes de chaleur ou de froid, des images tremblantes du visage de son père penché sur lui.

Nita regarda en direction des deux hommes.

— Ils ont fait des paris sur ta survie.

— Ah ouais ? (Nailer grimaça et tenta à nouveau de s'asseoir.) Combien ?

— Cinquante billets rouges.

Nailer la regarda, surpris. L'enjeu était important. Il représentait plus d'un mois de salaire pour un lourd. La fouille du clipper devait leur avoir rapporté beaucoup.

— Qui a parié que j'allais vivre ?

— Le maigrichon. Le mi-bête était sûr que tu étais déjà mort. (Elle l'aida à s'asseoir. Il n'avait plus l'impression d'avoir de la fièvre. Nita désigna une boîte de médicaments, des bombecs de riches d'après les inscriptions.) On a réduit ces trucs en poudre, on les a mélangés à de l'eau. L'autre homme (elle s'interrompit, cherchant le nom), Lucky Strike. Il a envoyé un médecin.

— Ah ouais ?

— Tu es censé continuer à prendre les pilules, quatre par jour, pendant encore dix jours.

Nailer regarda les médocs sans enthousiasme. Trois jours dans les pommes.

— Ton équipe n'est toujours pas arrivée ? demanda-t-il.

Cela lui paraissait évident.

Nita regarda en direction des hommes, soudain nerveuse, puis haussa les épaules.

— Pas encore. Bientôt, je crois.

— Il vaudrait mieux.

Elle lui décocha un regard noir. Comme elle se détournait de lui, il aperçut la menotte qui attachait sa cheville à l'un des grands cyprès. Elle le remarqua.

— Ils ne prennent pas de risques, dit-elle.

Nailer opina. Une minute plus tard, Pima apparut, chaperonnée par un troisième adulte. Blue Eyes. La femme avait des cicatrices gravées dans ses bras et ses jambes, des morceaux d'acier perçaient son visage et des colliers de métaux récupérés pendaient à son cou. Une longue balafre boursouflée sur son flanc montrait les sacrifices qu'elle avait offerts aux Moissonneurs et au Culte de la Vie. Elle poussa Pima devant elle.

Moby leva les yeux.

— Hé ! Attention avec la gamine. Elle a mon dîner.

Blue Eyes l'ignora et détailla Nailer.

— Il est vivant ?

— D'après toi ? répondit Moby. Bien sûr qu'il est vivant. À moins que ce ne soit un zombie, un mort-vivant. Ouuuuuh…

Il rit de sa propre blague.

Pima distribua des boîtes en métal aux adultes, du riz, des haricots rouges et de la chair à saucisse épicée. Nailer regarda la nourriture passer de main en main, fasciné. C'était de la bouffe exceptionnelle. Il ne se souvenait pas de la dernière fois où il avait vu autant de viande ni autant de désinvolture autour d'un repas. En voyant Moby et Tool saisir leur boîte, il se mit à saliver. Moby commença à manger sous le regard de Blue Eyes.

— T'as prévenu Lopez que son gosse est vivant ? demanda-t-elle.

Moby secoua la tête entre deux bouchées de riz aux haricots qu'il mangeait avec les doigts.

— Pourquoi tu crois qu'il te paie ? s'exclama-t-elle, excédée.

— Il vient juste de se réveiller, protesta Moby. Ça fait deux minutes qu'il est de retour dans le monde des vivants. (Il donna un coup de coude à Tool.) Soutiens-moi ! Le raton vient de se réveiller.

Tool haussa les épaules, attrapa une poignée de riz et de viande.

— Moby ne ment pas cette fois, gronda-t-il. Comme il dit, le raton vient de se réveiller. (Il sourit, montrant ses canines pointues.) Juste à temps pour le dîner.

Il fourra la nourriture dans sa bouche.

Blue Eyes grimaça, prit la boîte de Moby et la tendit à Nailer.

— Va chercher ta propre bouffe, Moby. Le gosse du boss graille le premier. Et dis au boss qu'il est vivant.

Moby fronça les sourcils mais ne protesta pas. Il se leva et s'éloigna. Pima s'accroupit près de Nailer et lui parla à voix basse :

— Comment tu te sens ?

Nailer se força à sourire malgré la fatigue.

— Pas encore mort.

— Ça doit être un bon jour, alors.

— Ouais.

Il plongea dans la nourriture.

Pima désigna Nita de la tête.

— Il faut qu'on parle. Les gens de Lucky Girl ne se sont pas encore montrés. (Elle se mit à chuchoter.) Ton père commence à avoir les nerfs.

Nailer regarda les gardes.

— Comment ça ?

— Il la surveille. Genre comme s'il voulait la refiler à Blue Eyes et au Culte de la Vie. Il arrête pas de parler de tout le cuivre qu'il pourrait se faire avec ses jolis yeux.

— Elle sait ce qu'il prépare ?

— Elle n'est pas idiote. Même une friquée comme elle peut s'en rendre compte.

Blue Eyes interrompit leur conversation en s'accroupissant près d'eux.

— On taille la bavette ?

Nailer secoua la tête.

— Elle prend juste de mes nouvelles.

— Bien. (Blue Eyes sourit, froide et dure.) Alors ferme-la et finis de bouffer.

Tool montra les dents de l'autre côté du feu.

— Bon conseil, grogna-t-il.

Pima hocha la tête et s'éloigna sans protester.

C'était plus parlant que tout le reste. Elle avait peur. Nailer regarda sa main, vit que ses doigts cassés étaient rassemblés par une attelle de bois flotté. Il se demanda si ces fractures étaient responsables de l'inquiétude de Pima ou si c'était quelque chose qui s'était passé ces derniers jours.

Nita termina de manger et déclara :

— Je me débrouille de mieux en mieux pour manger avec les doigts.

Nailer se tourna vers elle.

— Tu te sers d'autre chose ?

— Couteau, fourchette, cuiller ? (Elle faillit sourire et secoua la tête.) Non, rien.

— Quoi ? insista Nailer. Tu te moques de nous, Lucky Girl ?

Nita détourna prudemment le regard, presque effrayée, et il en fut content. Il fronça les sourcils.

— Ne nous regarde pas de haut parce qu'on n'a pas tes manières de richarde. On aurait pu te couper les doigts, et tes putains de couteau, fourchette et cuiller ne t'auraient plus servi à grand-chose, hein ?

— Je suis désolée.

— Ouais, c'est ça, désolée après coup.

— La ferme, Nailer, intervint Pima. Elle est désolée.

Tool fixa Nita de ses yeux jaunes et morts.

— Peut-être pas autant qu'elle le devrait, hein mon gars ? (Il se pencha en avant.) Tu veux que je donne une leçon de bonnes manières à ta rupine ?

Nita eut soudain l'air vraiment effrayé. Nailer secoua la tête.

— Non. Vous dérangez pas. Elle a compris, maintenant.

Tool opina.

— Tout le monde comprend un jour ou l'autre.

Nailer frissonna en entendant le ton du mi-bête, l'indifférence dans sa voix. C'était la première fois qu'il se retrouvait aussi près de la créature. On racontait beaucoup de choses sur lui. Sur l'origine de la toile d'araignée de cicatrices qui couvrait son visage et son torse. Sur sa traversée des marécages en chassant les alligators et les pythons. On disait qu'il n'avait peur de rien. Qu'il avait été conçu pour ne ressentir ni peur ni douleur. Même son père le traitait avec un respect prudent plutôt que par ses habituels abus d'autorité. Le mi-bête était vraiment effrayant et à voir comme Tool regardait la fille, Nailer pensait savoir pourquoi.

— Vous dérangez pas, répéta-t-il. Elle a compris.

Tool haussa les épaules et retourna à sa nourriture. Ils restèrent silencieux. Il n'y avait rien au-delà de leur feu, à part des bruits d'animaux et d'insectes. Ils étaient entourés d'obscurité, de la sauvagerie de la jungle et des marécages, de la touffeur de l'intérieur des terres. D'après le son lointain des vagues, Nailer supposa qu'ils étaient à au moins deux kilomètres de la côte. Il se rallongea pour regarder les flammes. Le repas avait été agréable mais il était à nouveau fatigué. Il laissa son esprit divaguer, se demanda ce que son père prévoyait, pourquoi Pima était si inquiète et ce qui se passait dans la tête de Lucky Girl. Il s'endormit.

— Putain, fils ! On me dit que tu es réveillé ?

Nailer ouvrit les yeux. Son père était accroupi à côté de lui, souriant, les dragons tatoués dansaient sur sa peau et ses yeux brillaient de glisse-cristal.

— Je savais que tu t'en sortirais ! claironna Lopez. T'es un dur comme ton paternel. Plus dur que l'acier, hein ? C'est pour ça que je t'ai appelé Nailer[1]. Juste comme ton paternel ! (Il éclata de rire, donna un coup dans l'épaule du garçon et ne sembla pas remarquer la douleur de son fils.) T'as l'air vraiment mieux. (À la lumière du feu, la peau de Lopez était pâle et luisante de transpiration, son sourire large bestial.) Je n'étais pas sûr qu'on devrait pas te foutre des vers.

Nailer se força à sourire, tentant d'évaluer l'humeur de glisse de son père.

— Pas encore, je dirais.

— Ouais ! T'es un survivant ! (Il jeta un coup d'œil à Nita.) Pas comme la petite fille riche. Elle serait morte depuis longtemps si je ne l'avais pas sauvée. (Il lui sourit.) J'espère presque que ton père ne vienne pas, la fille !

Nailer se redressa et s'assit en tailleur.

— Son équipe ne s'est pas montrée ?

— Pas encore.

---

1. Nailer signifie « cloutier » en anglais. *(N.d.T.)*

Lopez avala une gorgée de whiskey et tendit la bouteille à son fils. Pima intervint, de l'autre côté du feu.

— Le docteur a dit qu'il ne devait pas boire.

Lopez fronça les sourcils.

— T'essaies de me dire ce que je dois faire ?

Pima hésita.

— Pas moi. C'est le docteur de Lucky Strike qui l'a dit.

Nailer voulait lui conseiller de la fermer mais il était déjà trop tard, l'humeur de son père avait changé, un orage se préparait là où il n'y avait auparavant qu'un ciel dégagé.

— Tu crois que t'es la seule à avoir entendu ce putain de pilule-man ? grogna Lopez. C'est moi qui l'ai amené. Je l'ai payé et j'ai fait en sorte qu'il guérisse mon gamin. (Il rejoignit Pima, la bouteille se balançait au bout de son bras.) Et maintenant tu m'expliques ce qu'il a dit ? (Il se pencha sur elle.) Tu veux répéter ? Au cas où je t'ai pas entendue ?

Pima fut assez maligne pour baisser la tête et se taire. Le père de Nailer l'examina.

— Ouais. T'es une futée. J'étais sûr que tu préférais la fermer. Les gosses d'aujourd'hui n'ont aucun bon sens.

Il sourit à ses sbires. Blue Eyes et Moby lui sourirent en retour. Tool se contenta d'étudier Pima de ses yeux de chien.

— Tu veux que je lui donne une leçon ? gronda-t-il. Que je lui rappelle ?

Lopez demanda :

— Qu'est-ce que t'en penses, la fille ? T'as besoin d'une petite leçon de Tool ? Il pourrait peut-être se faire comprendre mieux que moi ?

Pima secoua la tête.

— Non, monsieur.

— Regardez-moi ça ! (Lopez sourit.) Elle est polie maintenant, hein ?

Nailer tenta d'intervenir.

— Comment ça se fait que la friquée est toujours là ? Où sont ses gens ?

L'attention de Lopez se tourna vers son fils.

— On aimerait bien le savoir, hein ? La fille *raconte* que des gens la recherchent. Elle *raconte* que quelqu'un se soucie d'elle. Mais personne n'est venu. Pas de bateau. Personne dans le train pour fouiller la côte. Pas un rupin pour poser des questions. (Il se lécha les lèvres en observant Nita.) On dirait qu'en fait tout le monde se fout de cette môme de riche. Elle ne vaut peut-être pas plus que son poids en bouffe. Ce serait tragique qu'on en arrive à la vendre en pièces détachées, hein ?

— On devrait peut-être contacter sa famille ? proposa Nailer. Trouver un moyen de lui dire où elle est ?

— On aimerait bien savoir où ils sont. Elle dit Houston. Le Uppadaya Combine. Une sorte de clan de transport maritime. Lucky Strike a mis des gens sur le coup pour essayer de les trouver.

Nailer fut surpris.

— Uppadaya ?

Il s'interrompit au signal de danger de Pima. Il la regarda, perplexe. Pourquoi Nita avait-elle menti sur son nom ? Si c'était vraiment une Patel, il y aurait eu moyen de contacter les siens, ici même sur la plage.

— Quel est ton plan ? demanda-t-il plutôt.

— Difficile à décider. Je me dis qu'elle doit valoir une fortune, vu comme elle est riche, mais je me dis aussi qu'elle pourrait nous apporter des emmerdes. Ces Uppadaya ont peut-être des contacts avec les big boss, le genre qui envoie ses gorilles contre de pauvres travailleurs comme nous. (Il s'interrompit, songeur.) Je me dis que peut-être elle est foutrement dangereuse et qu'on serait mieux si elle nourrissait les cochons. On a déjà son bateau et elle en sait beaucoup trop sur nous. (Il répéta, tout doucement :) beaucoup trop.

— Mais elle doit bien valoir quelque chose.

Lopez haussa les épaules.

— Elle vaut peut-être une fortune et peut-être que c'est pire que si elle ne valait rien. (Il leva les yeux.) T'es un gamin malin, Nailer, mais tu devrais écouter ton père. J'ai quelques années derrière moi et je te le dis : une richarde comme elle apporte toujours des emmerdes à des gens comme nous. Ils se foutent de nous comme d'un pet de rouille, mais ils aiment vraiment les leurs. Ils vont peut-être nous payer pour elle, mais ils vont peut-être aussi revenir avec des flingues et nous balayer comme un nid de serpents au lieu de nous dire merci.

Nita protesta :

— Nous ne…

— Ta gueule, la friquée. (La voix de Lopez était morne, indifférente. Il tourna ses yeux froids vers elle.) Tu vaux peut-être quelque chose. Peut-être pas. Mais il y a un truc dont je suis sûr : c'est que tes conneries m'emmerdent sérieux. (Il tira son couteau.) Si j'entends un mot de plus de ta part, je crois que je te couperai tes jolies lèvres. Comme ça tu pourras sourire même quand t'es triste, petite rupine. (Il la fixa du regard.) Tu crois que ton équipe voudrait encore de toi sans tes lèvres ?

Elle resta silencieuse. Il hocha la tête, satisfait, s'assit près de Nailer, baissa la tête, la rapprocha de lui, le toucha presque. Nailer sentait son odeur de sueur et de whiskey, voyait le rouge de ses yeux.

— C'est toi qui as eu l'idée mon garçon, reprit Lopez en regardant la fille. Mais plus j'y pense, plus c'est pire. On s'est bien débrouillés avec le bateau. Tout va être différent maintenant. Nous sommes riches et Lucky Strike nous a à la bonne. Le clipper n'est plus qu'une épave. Il y a de vraies équipes qui travaillent dessus. Dans un ou deux jours, ce sera comme s'il n'avait jamais existé. (Il sourit, content de lui.) C'est pas comme un bon vieux tanker. Ces petits bateaux se démontent facilement. (Il jeta un coup d'œil dans la direction de Lucky Girl.) Cette fille ne nous apporte rien de bon, par contre. Peut-être qu'elle va attirer l'attention des big boss sur nous. Peut-être qu'elle va faire de nous des cibles. Peut-être que les gens vont se poser des questions sur notre butin, d'où il vient, qui le possède et qui devient riche avec.

— Personne ne dirait rien aux richards.

— Te trompe pas, marmonna Lopez. Ils vendraient leur mère pour un Lucky strike.

— Prenons le temps, murmura Nailer. Attendons encore un peu et on sera encore plus riches.

Il ne ressentait qu'une envie dévorante de s'éloigner de son père, de ses yeux déments, de son sourire de défoncé, de ses traits déformés par les amphétamines.

Les yeux de Lopez se posèrent sur Nita.

— Si elle n'était pas aussi jolie, je l'aurais déjà saignée. Elle attire trop l'attention. (Il secoua la tête.) Je n'aime pas ça.

Nailer intervint.

— On doit pouvoir faire payer sa famille sans qu'elle apprenne qui la vend ? C'est toujours secret, non ?

Son père sourit.

— Y a que mon équipe qui sait. (Il étudia Blue Eyes, Moby et Tool.) C'est peut-être trop. Les secrets ne se gardent pas quand il y a trop d'argent en jeu.

(Il jeta un coup d'œil à la fille.) Continue à la garder à l'œil un jour de plus, on verra ce qui se passe. (Il se leva et Nailer tenta de faire de même mais son père le repoussa au sol.) Tu restes ici. Tu te reposes. Sadna pose des questions sur toi et Pima. Je fais le con. Je veux pas que quelqu'un d'autre sache ce qui se passe. Je veux pas d'emmerdes.

Nailer s'efforça de cacher l'espoir dans sa voix.

— Sadna nous cherche ?

— Elle a entendu une rumeur comme quoi on avait trouvé Pima. (Il haussa les épaules.) Mais elle n'a pas de fric. Et personne ne parle sans une poignée de billets rouges. (Il se tourna et hocha la tête en direction de ses sbires.) On surveille.

Les trois gorilles opinèrent. Blue Eyes souriait, Moby jouait avec sa bouteille et Tool restait impassible. Lopez disparut dans la jungle, pâle squelette dans le noir.

Quand il fut parti, Moby s'offrit une nouvelle rasade.

— T'as plus beaucoup de temps, la fille. Si tes potes ne se ramènent pas vite, je te prendrais bien pour moi. Tu ferais un bon toutou.

— Ferme-la, gronda Tool.

Moby lui décocha un regard noir mais s'abstint de commentaire. Tool se tourna vers Blue Eyes.

— Tu prends la première ?

Elle hocha la tête. Tool et Moby s'écartèrent et s'installèrent près des buissons pour dormir. On entendit rapidement les ronflements de Tool, ceux de Moby étaient à peine audibles. Des moustiques grouillaient autour d'eux. Nita tentait de les écraser, les autres se contentaient de les ignorer.

Blue Eyes enferma le poignet de Pima dans une menotte au bout d'une chaîne, puis elle se tourna vers Nailer.

— Tu vas foutre la merde ?

— Quoi ? (Nailer lui décocha un regard incrédule.) Tu vas dire à mon père que tu m'as enchaîné ? C'est moi qui ai trouvé ce Lucky strike !

Blue Eyes hésita. Elle était tentée de l'enchaîner mais elle ne pouvait pas décider s'il était un captif ou un allié. Il la défiait du regard, sachant très bien ce qu'elle voyait : un garçon tout en os à peine tiré d'affaire et l'ombre de Richard Lopez derrière lui. Cela ne valait pas la peine.

Blue Eyes abandonna l'idée de le menotter, s'assit sur un rocher et se mit à aiguiser une machette. Le feu diminuait. Pima et Lucky Girl regardaient Nailer avec intensité. Celui-ci n'aimait pas les insinuations de son père. Lopez était à deux doigts d'une décision et n'importe quoi pouvait la précipiter.

Nailer s'étendit pour se rapprocher de Pima.

— Comment vont tes doigts ?

Elle sourit et leva la main.

— Plutôt bien. Je suis contente qu'il ait décidé de ne pas me donner cinq leçons.

— Ça fait encore mal ?

— Pas autant que tout le fric qu'on a perdu. (Sa voix était ferme, mais ses doigts devaient vraiment la faire souffrir. Nailer voyait bien que l'attelle n'était pas très droite. Elle remarqua son regard.) On pourra peut-être les recasser pour les redresser.

— Ouais. (Il se tourna vers Lucky Girl.) Et toi ? Quelque chose de cassé ?

— Vos gueules ! hurla Moby depuis les buissons. J'essaie de dormir !

Nailer baissa la voix.

— Tes gens, ils viennent bientôt ?

Lucky Girl hésita. Ses yeux effrayés passaient de Pima à lui puis à Blue Eyes.

— Ouais. Ils arrivent.

Pima la toisa.

— Ouais ? *Patel ?* (Elle laissa traîner le nom.) Ils arrivent vraiment ou tu continues à nous mentir ? Quelqu'un de ton équipe pourrait déjà être sur la plage, un suceur de rouille de ton clan, si tu es vraiment une Patel, mais tu ne dis rien. C'est quoi le problème ?

Les yeux effrayés regardèrent à nouveau dans tous les sens. Puis Lucky Girl repoussa les cheveux sur son visage et fixa Pima, pleine de défi.

— Et s'ils ne venaient pas ? murmura-t-elle avec fureur. Qu'est-ce que tu ferais ?

Nita imitait la dureté et les accents de Pima et de Nailer. Nailer en aurait ri si elle n'avait pas eu l'air aussi effrayée. Elle mentait. Il avait connu assez de menteurs pour le savoir. Tout le monde lui mentait tout le temps. On lui mentait sur le temps de travail, sur le montant du quota, sur la peur, sur la richesse. Lucky Strike mentait.

— Ils ne viennent pas. (Il énonçait un fait.) Personne ne te recherche. Je pense même que tu n'es pas une Patel.

Lucky Girl le regarda, terrorisée. Ses yeux se tournèrent à nouveau vers Blue Eyes qui aiguisait sa machette de manière obsessionnelle. Pima tirait sur ses boucles d'oreilles, pensive, la tête penchée.

— C'est vrai, la fille ? Tu ne vaux rien ?

Lucky Girl était au bord des larmes. Cela sidéra Nailer. Même Sloth n'avait pas pleuré quand on l'avait rejetée sur le sable, ses tatouages de travail tailladés au couteau ! Et la rupine était si faible qu'elle s'apprêtait à pleurnicher parce qu'on l'avait prise à mentir.

— Où sont les tiens ? demanda-t-il.

Elle se lança péniblement :

— Au nord. Au-dessus des Cités englouties. Et je *suis* une Patel. Mais ils ne peuvent pas savoir où me chercher. Je ne suis pas censée être ici et on a jeté les GPS il y a des semaines en fuyant.

— En fuyant qui ?

Elle hésita puis avoua :

— Les gens de ma compagnie.

Nailer et Pima échangèrent un regard perplexe.

Nita expliqua doucement :

— Mon père a des ennemis à l'intérieur même de la compagnie. Quand on s'est fait prendre dans la tempête, ceux-ci nous poursuivaient. Où qu'on aille, ils anticipaient. S'ils m'attrapent, ils m'utiliseront contre mon père.

— Alors personne ne va venir te chercher.

— Personne que vous ayez envie de rencontrer. (Elle secoua la tête.) Avant qu'on s'échoue, deux bateaux nous filaient, mais l'ouragan les a contraints à faire demi-tour.

— C'est pour ça que vous vous êtes jetés dans une tueuse de villes ? Vous étiez en cavale ?

— C'était ça ou se rendre. (Elle secoua la tête.) Et nous ne pouvions pas abandonner.

Pour se faire à l'idée, Nailer se répéta :

— Alors personne ne va venir te chercher. Tu t'es foutue de notre gueule depuis le début.

— Je ne voulais pas que vous me coupiez les doigts.

Pima laissa échapper un sifflement.

— Tu aurais dû te rendre. Le père de Nailer te fera pire que ce qu'ils auraient pu te faire.

Lucky Girl secoua la tête.

— Non. Les vôtres ont des excuses. Ceux qui me chassaient… (Elle secoua à nouveau la tête.) Ceux-là sont pires.

— Alors, tu as bousillé un bateau et risqué de te noyer rien que pour qu'ils ne t'attrapent pas ? demanda Nailer. Tu as entraîné tout ton équipage dans la mort pour rester libre ?

Elle détourna les yeux.

— Ils étaient… (Elle secoua la tête, encore.) Les gens de Pyce les auraient tués de toute façon. Ils n'auraient pas laissé de témoins.

Pima sourit férocement.

— Putain, les richards et les rats de la rouille sont pareils, en fait. Tout le monde cherche à se mettre un peu de sang sur les mains.

— Oui, opina très sérieusement Nita. Exactement pareils.

Nailer réfléchit. Sans acheteur potentiel, Nita ne valait rien. Sans amis et sans alliés sur la plage, elle n'était que de la viande. Personne ne cillerait si elle tombait sous les couteaux des Moissonneurs. Blue Eyes pouvait l'offrir à sa secte, personne ne s'interposerait.

Pima dévisagea Nita.

— La vie est dure ici, pour une richarde comme toi. Tu ne survivras pas sans un protecteur et on ne gagnerait pas grand-chose à s'occuper de toi.

— Je peux travailler. Je peux…

— Tu fais rien sans qu'on te le dise, la coupa brutalement Pima. Tout le monde se fout d'une friquée. T'as pas d'équipe. T'as pas de famille. T'as pas tes gorilles ni ton argent pour te faire respecter. Ta situation est pire que celle de Sloth. Au moins, elle, elle connaissait les règles. Elle savait comment en jouer.

— Tu n'as vraiment personne ? s'enquit Nailer. Personne qui pourrait t'aider ?

— Nous avons des bateaux… (Nita hésita.) Notre clan a des bateaux et certains des capitaines sont toujours loyaux envers mon père. Ils viennent aux

Orleans pour le marché du Mississippi. Si je pouvais m'y rendre, je pourrais vous récompenser.

— Ce sont des foutaises tes histoires de récompense, Lucky Girl. (Pima secoua la tête.) Et ça commence à bien faire.

— Ouais. (Nailer jeta un coup d'œil dans la direction de Blue Eyes qui aiguisait une nouvelle machette.) Et si on arrêtait de mentir ? (Il désigna la paume blessée de Nita.) On a partagé le sang et tu continues à nous raconter des salades.

Nita lui dédia un regard mauvais.

— Vous m'auriez coupé la gorge si vous n'aviez pas pensé que j'avais de la valeur.

Nailer sourit.

— J'imagine qu'on le saura jamais. Mais, là, on t'a sur le dos et tu vaux pas un mètre de rouille.

Il resta silencieux. Pima le regarda.

— C'est loin les Orleans. Y a des gators et des panthères et des pythons. Plein de chouettes manières de crever.

Nailer plissa le front.

— On n'est pas obligés de passer par les terres.

— On peut pas y aller en bateau. Ton vieux saurait si un esquif manquait et il te chercherait tout de suite.

— Je ne pensais pas à un bateau.

Pima le fixa des yeux.

— Sang et rouille ! (Elle secoua la tête.) Hors de question. Tu te souviens de Reni ? Tu te souviens de quoi il avait l'air après ? Il n'en restait rien. Que des morceaux de viande.

— Il était bourré. Nous pas.

Pima secoua la tête à nouveau.

— C'est dingue. On vient juste de réparer ton épaule et tu veux la bousiller ?

— De quoi parlez-vous ? demanda Nita.

Nailer ne lui répondit pas directement. C'était impossible. Simplement impossible.

— T'es une bonne coureuse, Lucky Girl ? (Il l'observa des pieds à la tête.) T'as la peau douce, mais t'as des muscles sous tes jupes ? T'es rapide ?

— Elle est trop faible, intervint Pima.

Nita regarda Nailer, féroce.

— Je peux courir. Je suis arrivée première au cent mètres à Saint Andrew.

Nailer sourit à Pima.

— Bon, ben, si Saint Andrew dit qu'elle sait courir, elle doit être plutôt rapide.

Pima secoua la tête et dédia une courte prière au Destin.

— Les riches courent sur de drôles de pistes, ils font la course contre d'autres riches. Ils ont jamais couru pour leur vie. Ils savent pas comment.

— Elle dit qu'elle sait courir. (Nailer haussa les épaules.) Je dis qu'on laisse le Destin décider.

Pima regarda la fille.

— Tu ferais mieux d'être aussi rapide que tu le dis, t'auras qu'une chance.

Nita ne cilla pas.

— J'ai perdu ma chance il y a longtemps. Je suis entre les mains du Destin, à présent.

— Ah ouais ? Ben… bienvenue au club, Lucky Girl. (Pima sourit et secoua la tête.) Bienvenue dans ce foutu club !

# Chapitre 14

Que Nita soit douée pour la course ou pas, ils devaient d'abord échapper à leurs ravisseurs. Ils ourdirent un plan en chuchotant et s'installèrent pour attendre. Pour Nailer, rester éveillé était une lutte de chaque instant. Même après trois jours d'inconscience, il avait du mal à garder les yeux ouverts. Le vent dans les arbres et la chaleur de la nuit l'endormaient. Il baissa la tête pour monter la garde sans être vu, mais il s'assoupit, se réveilla puis replongea et ainsi de suite.

Blue Eyes, parfaitement alerte, fut remplacée par Tool qui se contenta de rester assis à les regarder. Chaque fois que Nailer jetait un coup d'œil entre ses paupières fermées, il le voyait qui le fixait de ses yeux jaunes de chien, aussi patient qu'une statue. Finalement, Tool laissa la place à Moby. Le maigrichon chauve se cala confortablement contre une souche d'arbre et se mit à boire. À moitié allongé, confiant dans les menottes et dans les silhouettes immobiles des jeunes, il ne lui fallut pas longtemps avant d'être assez soûl pour s'endormir.

Nailer, cette fois, resta éveillé. Il attendait, soulagé de ne pas être attaché. Même s'il ne faisait pas partie de l'équipe de son père, il était le fils de Lopez et on lui faisait confiance. Entre ça et les souvenirs qu'avaient les gorilles de ses journées de fièvre invalidante, il avait de la marge. Dans leur esprit, il n'était qu'un gosse, un léger maigre et convalescent, il ne présentait aucun risque. C'était une excellente chose.

Son problème, c'était Blue Eyes. Elle avait les clés des menottes des filles et elle le terrorisait. Quiconque fricotait avec le Culte de la Vie était dangereux. Les novices cherchaient toujours de nouvelles recrues. Et ils avaient toujours faim de sacrifices.

Dès que Moby commença à ronfler, Nailer se mit à ramper vers l'endroit où Blue Eyes s'était couchée. Il progressait lentement, aussi lentement que tout enfant ayant appris à voler jeune, et dont les meilleures chances de survie résidaient dans le silence et la furtivité.

Il serra son couteau de travail entre ses doigts rendus glissants par la sueur et la peur. Impossible de fouiller Blue Eyes ni de trouver les clés sans la réveiller. Le couteau semblait petit et inutile dans sa main, un jouet. Ce qu'il faisait était nécessaire mais il n'était pas obligé d'aimer ça. Il ne se sentait pas coupable. Blue Eyes avait fait bien pire à son époque et ferait encore pire à l'avenir. Il l'avait vue torturer des gens qui ne remplissaient pas le quota ou étaient en retard sur le remboursement de leurs dettes. Il l'avait vue couper la main d'un homme qui avait volé Lucky Strike et le regarder froidement saigner à mort. Nul ne savait combien de rats des plages elle avait drogués et enlevés pour les besoins de sa secte. Elle était dure, mortellement dangereuse, et Nailer ne doutait pas que, si son père le lui demandait, elle serait capable de les tuer, lui, Pima et Lucky Girl, sans perdre le sommeil.

Il ne se sentait pas coupable.

Pourtant, plus il s'approchait d'elle, plus son cœur battait fort, plus le sang résonnait à ses oreilles. C'était le genre de meurtre que son père commettrait avec rapidité et efficacité. Richard Lopez comprenait bien l'équation « tuer ou être tué ». Zéro calcul, il valait mieux être vivant que mort. Lopez n'aurait jamais hésité à profiter d'un adversaire endormi.

*Vite et bien*, s'admonesta Nailer. *Le long de la gorge et c'est fini.*

Quelques années auparavant, son père lui avait fait tuer une chèvre pour lui apprendre la pratique du couteau : comment une lame pouvait percer la chair et s'accrocher sur les tendons. Nailer se souvenait de Lopez accroupi au-dessus de lui, serrant le poing de son fils dans le sien. La chèvre était allongée sur le côté, pattes attachées, ses flancs se soulevaient comme un soufflet, sa respiration sifflait par les narines. Son père avait guidé la main de Nailer, posé le couteau sur la jugulaire de la chèvre.

— Pousse, avait-il dit.

Et Nailer avait fait ce qu'il lui disait.

Nailer écarta les fougères. Blue Eyes était allongée devant lui, le souffle profond. Dans son sommeil, ses traits étaient lisses, dépourvus de la violence qui y couvait d'habitude. Sa bouche était ouverte. Elle était allongée sur le ventre, les bras sous son corps pour se protéger de la fraîcheur nocturne. Nailer murmura une prière au Destin. Son cou n'était pas aussi exposé qu'il l'avait espéré. Il devait frapper vite. Elle devait mourir instantanément.

Il se glissa plus près et se prépara, les doigts autour du manche du couteau, retenant sa respiration.

Elle ouvrit les yeux.

Paniqué, Nailer lança le couteau vers sa gorge, mais Blue Eyes était trop rapide. Elle roula pour s'écarter de lui, se redressa, leva sa machette. En silence. Ni cri de surprise, ni hurlement de colère, ni supplique, évidemment. Sa silhouette devint vaporeuse tant elle était rapide. Nailer bondit en arrière, la machette siffla près de son visage. Il leva le couteau quand elle se jeta sur lui, mais, au lieu de le frapper avec sa lame, elle le balaya d'un pied aux jambes. Nailer s'écrasa sur le sol, elle lui tomba dessus de tout son poids, lui coupant le souffle. D'un revers de la main, elle le débarrassa du couteau, laissant ses doigts engourdis et douloureux, et pressa la machette contre sa joue.

— Pauvre crétin, cracha-t-elle.

Le souffle de Nailer était haché. Il tremblait de peur. Blue Eyes sourit et soupesa la machette avant d'en poser la pointe sous son œil droit.

— J'ai grandi entourée d'hommes qui tentaient de me surprendre au milieu de la nuit, reprit-elle. (La lame se déplaça vers son œil gauche.) Un petit bouffeur de poux comme toi n'a aucune chance contre moi. (Elle sourit et ramena la pointe de la machette sous son œil droit.) Choisis.

Nailer était trop terrorisé pour comprendre.

— Que… quoi ?

Blue Eyes souligna chaque œil de sa lame avec insistance.

— Choisis, répéta-t-elle. Le droit ou le gauche ?

— Mon père…

— Lopez te crèverait les deux. Et moi aussi, si tu ne choisis pas. (La lame frôla à nouveau ses yeux.) Droit ou gauche ?

Nailer se cuirassa.

— Le gauche.

Blue Eyes sourit.

— Ce sera donc le droit.

Un tourbillon flou s'abattit sur Blue Eyes. La machette glissa et laissa une brûlure sur la joue de

Nailer, le poids de la femme cessa de le paralyser. Elle roulait, luttant contre une autre silhouette. Puis il y eut des cris, le bruit des lames qui s'entrechoquaient et des grognements de combattants. Il y avait des gens partout.

Blue Eyes et son adversaire roulaient, leurs membres emmêlés dans une lutte furieuse. À la lumière de la lune, Nailer reconnut son sauveur. La mère de Pima agrippait la machette de Blue Eyes. Sadna envoya son poing dans le visage de la tueuse. Des os craquèrent. Blue Eyes rua, s'arracha de l'étreinte de son adversaire et se redressa, machette à la main. Les deux femmes se faisaient face.

— Laisse tomber, Blue Eyes, dit Sadna. C'est pas ton combat.

Son adversaire secoua la tête.

— Ce gosse a une dette de sang, Sadna. Il a cru qu'il pouvait m'égorger. Je ne peux pas laisser passer ça.

Elle se jeta en avant, machette haute, pour finalement frapper bas. Sadna bondit par-dessus une souche moussue et lutta pour retrouver son équilibre. Blue Eyes plongea sur elle, cherchant une ouverture. La lame s'abattit. Sadna se protégea des mains, du sang jaillit. Elle hurla mais ne recula pas et se baissa pour éviter le coup suivant.

Blue Eyes revint à la charge.

— Fuis, Sadna, cria-t-elle. Fuis !

Son nez saignait et le sang noircissait ses dents, mais elle ne semblait pas s'en soucier.

Nailer chercha son couteau. Autour de lui, d'autres combattants grognaient et luttaient dans un mélange de silhouettes dont certaines devaient faire partie de l'équipe de lourds de Sadna. Il fouilla l'herbe, espérant trouver sa lame.

Sadna passa derrière un arbre et s'en servit comme bouclier. Blue Eyes en fit le tour puis sourit.

— Je ne joue pas à cache-cache, marmonna-t-elle. Tu veux que le gamin vive ou pas ?

Elle se précipita alors vers Nailer, qui s'écarta à toute vitesse pendant que Sadna quittait l'abri de l'arbre pour lui venir en aide. Blue Eyes pivota brutalement et, dans un éclair d'acier, frappa la mère de Pima.

— Non ! hurla Nailer.

Le monde sembla se ralentir. Sous les yeux horrifiés de Nailer, la machette de Blue Eyes cherchait la gorge de Sadna. Mais Sadna n'était plus là. Elle avait esquivé et s'était laissée tomber à terre, balayant les jambes de Blue Eyes qui s'abattit sur le sol.

Elles roulèrent, à nouveau emmêlées dans un tourbillon de membres et d'acier. Nailer trouva enfin son couteau dans les feuilles. Blue Eyes prenait le dessus sur Sadna, elle lui pressait la lame sur la gorge. Sadna s'agrippait à la machette, la contenant de toutes ses forces. Son souffle était court. Blue Eyes augmenta la pression.

Nailer se glissa derrière elle, le couteau à la main. Quand il se redressa, les yeux de Sadna s'écarquillèrent. Prévenue du danger, Blue Eyes tenta de se retourner.

Nailer bondit sur son dos et lui enfonça la lame dans le cou. Du sang chaud coula sur sa main. Blue Eyes hurla quand les muscles de son cou se déchirèrent. *C'est exactement comme avec une chèvre*, se dit stupidement Nailer.

Sauf que Blue Eyes ne s'effondra pas. Elle se releva avec Nailer sur le dos, tandis qu'il tentait vainement de retirer le couteau pour frapper à nouveau. La lame était coincée. Blue Eyes se débattit un instant et se pencha brusquement, le faisant basculer par-dessus ses épaules. Il s'accrocha du mieux qu'il put, mais elle le frappa avec la poignée de la machette. Des lumières explosèrent dans sa tête. Il percuta le sol.

Blue Eyes se tenait au-dessus de lui, une main pressée contre sa blessure, le couteau toujours plongé dans son cou. Elle asséna un coup de machette maladroit qui fit néanmoins siffler la lame. Son regard brillait comme celui d'un démon, déterminé à l'emmener avec elle dans la mort. Des jurons formaient d'épaisses bulles de sang dans sa bouche. Nailer se redressa. Elle frappa à nouveau.

Il esquiva, veillant à ne pas se faire clouer à un arbre et à ne pas tomber. Pourquoi ne mourait-elle pas ? Pourquoi ne voulait-elle pas mourir ? Une peur superstitieuse s'empara de lui. Et si elle était un esprit, une créature zombie qu'on ne pouvait tuer ? Et si le Culte de la Vie l'avait rendue immortelle ?

Blue Eyes releva la machette, mais, en l'abattant, elle trébucha et s'étala. Même au sol, elle essayait encore de l'atteindre. Nailer était paralysé. Elle attrapa son pied, s'agrippa à sa cheville. Sous le clair de lune, son sang s'étalait en une flaque noire. Nailer dégagea son pied. Blue Eyes le regarda fixement. Ses lèvres remuèrent, promettant la mort, mais aucun son n'en sortit.

Sadna éloigna Nailer de la femme agonisante.

— Viens. Laisse-la partir.

Il était couvert de sang et les yeux de la tueuse le suivaient, avides. Ses doigts s'agitaient.

Nailer haussa les épaules.

— Pourquoi elle meurt pas ?

Sadna jeta un œil à Blue Eyes.

— Elle est bien assez morte comme ça. (Elle le palpa.) Tu vas bien ?

Nailer hocha la tête faiblement. Il ne pouvait pas arracher son regard de Blue Eyes.

— Pourquoi elle meurt pas ? répéta-t-il.

Sadna serra les lèvres.

— Certaines personnes ont plus de volonté que les autres. Si on ne les touche pas correctement, si leur sang ne s'écoule pas assez vite, parfois ils ne meurent pas comme on l'espérait. (Elle donna un coup de tête vers la tueuse.) Regarde, elle est morte. Laisse-la partir.

— Non, elle n'est pas morte.

Sadna attrapa le visage de Nailer pour le forcer à la regarder dans les yeux.

— Elle est morte. Elle est partie. Pas toi. Et je suis contente que tu aies été là quand j'en ai eu besoin. Tu t'es bien débrouillé.

Nailer opina. L'adrénaline le faisait trembler. Pima, libérée, se précipita vers eux.

— Putain ! jura-t-elle. T'es aussi rapide que ton père. Même avec ton mauvais bras.

Nailer frissonna d'effroi. Il avait déjà tué. Des poulets. Cette chèvre. Mais, là, c'était différent. Il vomit. Pima et Lucky Girl reculèrent, échangèrent un regard.

— C'est quoi son problème ? demanda Pima.

Sadna secoua la tête.

— Tuer n'est pas gratuit. Ça t'extirpe quelque chose chaque fois. On prend une vie, celle-ci emporte une partie de notre âme. C'est toujours un échange.

— Pas étonnant que son père soit un tel démon.

Sadna décocha un regard glacial à sa fille, Pima se tut. Les lourds étaient partout, ils nettoyaient les lieux. Nailer découvrit que son père avait placé plus de sentinelles qu'il ne le pensait. Des gardiens qu'il n'avait jamais vus. Il se sentit doublement chanceux de l'arrivée de Sadna et de son équipe. Pima, Nita et lui n'auraient jamais réussi à s'échapper seuls.

Soudain, le visage canin de Tool sortit des ombres.

— Attention ! hurla Nailer.

Sadna pivota vivement, puis se détendit à la vue du mi-bête. Elle tapota le bras de Nailer.

— Tout va bien. C'est lui qui nous a dit où vous trouver. Entre lui et moi, c'est une vieille histoire. Pas vrai, Tool ?

Tool s'approcha et examina le cadavre de Blue Eyes, imperturbable. Longtemps, il ne dit rien. Finalement, il tourna son regard vers Nailer.

— Du beau boulot, apprécia-t-il. Aussi rapide que ton père.

— Je ne suis pas mon père.

— Tu n'es pas aussi expérimenté. (Tool haussa les épaules.) Mais le potentiel est là. (Du menton, il désigna la flaque de sang autour de Blue Eyes et sourit, révélant ses dents acérées.) Le sang ne ment pas. Tu as un bon potentiel.

Nailer frémit à l'idée de ressembler à son père.

— Je ne suis pas comme lui, insista-t-il.

Le sourire de Tool disparut.

— Ne sois pas désolé pour Blue Eyes, gronda le mi-bête. C'est dans la nature humaine de s'entre-déchirer. Sois content de descendre d'une lignée de tueurs aussi efficaces.

— Laisse-le tranquille, intervint Pima.

— Où est Lucky Girl ? s'inquiéta Nailer.

— La petite fille riche ? demanda Sadna. Elle est allée sur la plage. Les siens sont là, ils la recherchent. Tout un clipper a débarqué il y a une heure. (Elle se tourna vers Tool.) Richard essayait de les rencontrer pour arranger un deal.

— Les siens sont là ? (Nailer se tourna vers Pima, perplexe.) Elle nous a dit que personne ne savait qu'elle était…

Il s'interrompit, se demandant si elle lui avait encore menti.

Nita jaillit dans la clairière.

— Ce sont eux !

— Les tiens ? demanda Nailer, sceptique.

Elle secoua la tête, haletante.

— Ceux qui me poursuivent. Ceux de Pyce. Et il a des mi-bêtes.

Sadna l'étudia.

— Ceux qui sont sur la plage sont tes ennemis ?

Nita luttait pour reprendre son souffle.

— Ils veulent s'emparer de moi. Pour m'utiliser contre mon père.

— Eh bien, ils savent où tu es, l'informa Sadna. Richard l'a quasiment annoncé quand ils ont débarqué.

Le visage de Lucky Girl pâlit.

— Je ne peux pas les laisser m'attraper. Je dois me cacher.

Sadna et Tool échangèrent un regard.

— Si tu vas dans la jungle…

Tool secoua la tête.

— Lopez saura comment la trouver. Comment allez-vous la nourrir ? Qui la protégera s'ils la trouvent ? Il vaut mieux qu'elle s'enfuie.

Nailer se manifesta :

— Nous avions l'intention d'attraper le train de récup' vers les Orleans. Elle dit qu'elle a une équipe, là-bas, qui pourrait la protéger.

Sadna fronça les sourcils.

— Tu ne peux pas pénétrer dans la zone de chargement. Personne n'y entre sans que Lucky Strike le sache. Et Richard et Lucky Strike sont très proches maintenant.

— On peut attraper le train après, une fois qu'il aura démarré.

— C'est dangereux.

— Pas aussi dangereux que d'attendre ici pour voir quel genre de deal mon père a passé avec les rupins.

Tool avait l'air pensif.

— C'est possible. S'ils sont rapides.

— Elle a dit qu'elle était rapide.

— Vaudrait mieux, sinon c'est la mort.

— Ce ne serait pas pire que si elle restait ici.

— Et toi, Nailer ? C'est un risque que tu veux prendre ?

Nailer allait répondre mais il se retint. Le voulait-il vraiment ? Voulait-il vraiment lier sa vie à cette fille ? Il secoua la tête, irrité. Il était déjà en conflit avec son père et il n'avait aucun espoir de réconciliation. Même si lui y mettait du sien, Richard Lopez ne laisserait jamais impunie l'insulte que représentait le massacre de son équipe.

— Je ne suis pas en sécurité ici, déclara-t-il. Plus maintenant. Il va tout faire pour me retrouver. Il n'a pas les moyens de perdre la face. Trop de gens en riraient.

Sadna secoua la tête.

— Je ne peux pas faire ça. Je ne peux pas abandonner mon équipe. Tu seras seul.

— Avec Pima…

Pima pinça les lèvres.

— Je ne pars pas, dit-elle.

— Non ?

— Je ne quitte pas maman.

— Mais on en a parlé ! On a parlé de se tirer d'ici.

Nailer faisait de son mieux pour qu'on n'entende pas le désespoir dans sa voix. Il était tellement persuadé qu'ils formaient une équipe, qu'ils agissaient ensemble.

— Toi, tu en as parlé. Pas moi.

Nailer la dévisagea. Les pièces se mettaient en place dans sa tête. Pima avait une famille. Quelque chose à quoi s'accrocher. Quelque chose de solide. Bien sûr qu'elle ne prendrait pas ce risque ! Il se contraignit à hocher la tête.

— OK, mais on peut toujours attraper le train et rejoindre les Orleans en deux jours, ça devrait pas être trop dur.

Pima leva une main pour montrer ses doigts dans l'attelle.

— Tu crois ? Reni avait deux mains avant de sauter et il a fini en viande hachée.

Sadna regarda en direction de la plage.

— On peut négocier une trêve avec ton père, Nailer. Je peux te protéger.

— Si tu crois ça, c'est que tu ne le connais pas du tout. (Nailer secoua la tête.) De toute façon, je ne veux pas être protégé. Je veux partir. Lucky Girl dit qu'elle m'aidera si je lui permets de s'en sortir.

Sadna tourna les yeux vers la fille.

— Et tu la crois ?

— Je dis la vérité ! s'insurgea Nita, furieuse.

Sadna la fit taire d'un geste.

— Vraiment ? (Elle se tourna vers Nailer.) Tu es sûr qu'elle en vaut la peine ?

— Personne n'en vaut jamais la peine, gronda Tool.

— Mon père peut payer, reprit Nita. Il peut récompenser…

— La ferme ! intervint Pima. C'est à Nailer de décider. C'est lui qui va t'accompagner. C'est lui qui prendra les risques. (Elle attrapa Nailer et l'éloigna un peu.) Tu as confiance ? (Elle jeta un coup d'œil à Nita.) La fille est rusée. Elle ne dit jamais vraiment la vérité.

— Je la crois.

— Ne fais pas ça. Les rupins ne pensent pas comme nous. Elle trouvera moyen de changer d'avis. T'es sûr de toi ?

— Ça fait pas un pli. J'ai plus rien ici. Si je reste, je ne pourrai pas échapper à mon père. (Nailer haussa les épaules et s'écarta de Pima.) Mon père n'oubliera jamais ça. Quoi qu'on en dise, il oubliera jamais. (Il regarda Nita et éleva la voix.) On va le faire. Je vais l'emmener.

Ils furent interrompus par un véritable branle-bas de combat. Pima grimpa sur un rocher pour apercevoir la mer à travers le feuillage.

— Viens ici, Lucky Girl.

Nita grimpa à côté d'elle et Nailer les rejoignit. Plus bas, sur l'eau noire, un bateau pâle était à l'ancre. Ses projecteurs, constitués de grands spots de LED aussi puissants que la lumière du jour, balayaient l'eau, s'arrêtant sur les barques qui revenaient au rivage.

— Ils viennent me chercher.

— Et, en plus, ils vont nous donner une prime, laissa tomber Sadna.

— Maman ! s'indigna Pima.

— Nous sommes de la même équipe, affirma Nailer avec force. Je refuse de la vendre.

Sadna planta son regard dans le sien.

— Si tu fuis, Lopez te pourchassera, toujours, et tu ne pourras jamais revenir. (Elle baissa les yeux.) Tu peux encore le calmer. Vends la fille à ces gens et Lopez passera l'éponge. L'argent lui fera oublier beaucoup de choses. Comparés à la somme en jeu, Moby, Blue Eyes et les autres ne valent rien.

Nita les regardait, effrayée. S'il la vendait, Nailer serait riche, à n'en pas douter, et il pourrait négocier la paix avec son père.

*Chanceux et intelligent. Il faut que je sois chanceux et intelligent.*

Être intelligent consistait à abandonner Nita et à acheter la sécurité qu'il ne pouvait pas s'offrir autrement. Mais l'idée de la remettre à ses ennemis lui donnait la nausée. Être intelligent, c'était s'écraser, laisser partir la fille et en tirer profit. Son combat n'était pas le sien. Il accrocha le regard de Pima. Celle-ci se contenta de hausser les épaules.

— Je t'ai dit ce que je pensais.

— Sang et rouille ! jura-t-il. On peut quand même pas la leur donner. Ce serait comme offrir Pima à mon père.

— Mais ce serait nettement plus sûr pour toi, commenta Tool.

Nailer secoua la tête, obstiné.

— Non. Je vais l'emmener aux Orleans. Je sais comment attraper le train.

— Ce n'est pas une simple histoire de légers et de quota, insista Tool. Tu n'auras pas de seconde chance. Si tu fais une erreur maintenant, tu es mort.

— Tu as déjà sauté dans un train en marche ? demanda Sadna.

— Reni m'a expliqué comment faire.

— Avant d'être aspiré par les roues et d'être réduit en charpie, ironisa Sadna.

— On meurt tous, grinça Tool. On ne fait que choisir comment.

— J'y vais, s'obstina Nailer. (Il se tourna vers Nita.) On y va.

Cette fois, quelque chose dans son ton les convainquit. Personne ne protesta. Ils se contentèrent de hocher la tête et Nailer eut l'impression d'avoir pris la mauvaise décision. Il avait conscience qu'une partie de lui aurait aimé se laisser convaincre, que quelqu'un trouve l'argument pour le retenir.

— Vous devriez y aller, dans ce cas, gronda Tool. Richard va se pointer pour vendre la fille.

— Bonne chance, se rendit Sadna. (Elle fouilla sa poche et tendit à Nailer une poignée de billets rouges.) Cours bien. Et ne reviens pas.

Nailer empocha l'argent, surpris par l'importance de la somme, se sentant soudain très seul.

— Merci.

En courant, Pima retourna au camp et en revint avec un sac qui avait appartenu à Blue Eyes. Elle le donna à Nailer.

— Ton butin.

Nailer attrapa le sac et entendit de l'eau glouglouter à l'intérieur. Il se tourna vers Nita.

— Prête ?

Nita hocha vigoureusement la tête.

— Tirons-nous d'ici ! confirma-t-elle.

— Ouais ! (Il désigna la jungle). Les rails sont par là.

Ils quittaient la clairière quand Tool les appela.

— Attendez ! (Ils se retournèrent. Tool les étudia de ses yeux jaunes.) Je viens aussi, je crois.

La peur fit frissonner Nailer.

— On se débrouillera, affirma-t-il.

Au même moment, Sadna soupira :

— Merci.

Tool sourit à la frayeur de Nailer.

— Ne refuse pas mon aide si vite, mon garçon.

Nailer trouva aussitôt des dizaines de répliques, mais toutes étaient motivées par sa méfiance envers les motivations du mi-bête. La créature l'effrayait. Même si la mère de Pima lui faisait confiance, lui en était incapable. Que quelqu'un d'aussi proche de son père et de Lucky Strike les accompagne le terrorisait.

— Pourquoi maintenant ? demanda Nita avec suspicion. Qu'est-ce que vous voulez ?

Tool regarda Sadna puis désigna la plage du menton.

— Les boss sur le bateau ont leurs propres mi-bêtes. Ils poseront des questions sur ma présence. Ce ne sera bon pour personne.

— Nous pouvons nous débrouiller tout seuls, insista Nailer.

— J'en suis sûr, répondit Tool. Mais peut-être pourrez-vous bénéficier de ma sagesse.

Il montra brièvement les crocs.

— Réjouissez-vous plutôt qu'il soit prêt à vous aider, intervint Sadna. (Elle se tourna vers Tool et prit sa main dans les siennes.) J'ai une dette envers toi, maintenant.

— Ce n'est rien. (Tool sourit et ses dents reparurent.) Tuer ici ou ailleurs, ça revient au même.

# Chapitre 15

Le sol tremblait à l'approche du train. Ils s'accroupirent dans les fougères. Le moteur de la locomotive rugit à leur hauteur. Nailer déglutit en voyant celle-ci les dépasser. Un souffle gifla son visage et arracha des feuilles aux arbres et aux buissons. Le train semblait l'aspirer vers ses roues immenses et les rails, pour le déchiqueter. Avec une peur grandissante, Nailer se rendit compte que spéculer sur leur fuite était une chose et que voir les wagons de marchandises défiler à toute vitesse en était une autre.

Cela suffit à le faire réfléchir aux autres possibilités qui s'offraient à lui : voler un esquif et prendre la mer ou emprunter la route à travers la jungle et les marais, à pied… Ils n'avaient ni nourriture ni outillage pour survivre au voyage à pied et, en mer, le clipper de la baie les rattraperait facilement. Pas d'autre option. Or ils devaient fuir, et ils devaient le faire maintenant.

Les wagons défilaient comme des ombres en fouettant l'air. De loin, ils semblaient beaucoup plus lents. De là où ils se tenaient, ils étaient horriblement rapides. La locomotive était-elle en train d'accélérer ? Quand Reni avait sauté dans le train, cela lui avait paru plus facile. Nailer savait que, selon l'humeur du conducteur, le train pouvait être trop rapide pour que le saut soit praticable. C'était comme ça que Reni, bourré et stupide, s'était planté : il avait mal évalué la vitesse et, surtout, ses précédents sauts l'avaient rendu trop confiant.

Nailer, Nita et Tool sortirent des buissons et grimpèrent vers les rails. Le bruit des wagons était aussi effrayant que celui d'un ouragan tueur de villes. Nailer se tourna vers ses compagnons. Les yeux de Nita étaient affolés. Tool observait, impassible, peut-être même méprisant. Ce n'était rien pour un mi-bête. Nailer se prit à rêver que Tool soit suffisamment costaud pour bondir avec l'un d'eux sous chaque bras.

*Arrête de délirer. Vas-y !*

Il perdait du temps. Le bout du train approchait. Il devait se jeter à l'eau. C'était comme dans la pièce remplie de pétrole : la seule façon de survivre était de plonger, profond. Mais, ce jour-là, il avait su qu'il n'avait pas le choix. À présent, il ne pouvait s'empêcher de chercher une autre solution. *Vas-y*, s'admonesta-t-il. Mais ses pieds ne bougèrent pas.

Reni passait son temps à sauter dans les trains. Il s'en vantait. Alors que son cœur battait la chamade, Nailer tentait de se souvenir de tout ce que le garçon lui avait dit. Il mit la main sur l'épaule de Nita et cria à son oreille :

— Tu prends de l'avance sur le wagon, tu le laisses te rattraper et, ensuite seulement, tu agrippes l'échelle. Et tu ne la lâches sous aucun prétexte. (Il désigna les roues.) Si tu tombes, tu te retrouves sous le train alors accroche-toi, quelle que soit la douleur. (Il se répéta :) Ne lâche surtout pas. (Il réfléchit.) Et lève les jambes le plus vite possible.

Elle hocha la tête. Il inspira profondément, tentant de rassembler son courage.

Soudain, Nita s'élança.

Nailer la suivit du regard, sidérée de la voir courir le long du train. Elle paraissait pitoyablement menue à côté des roues mortelles. Une échelle la dépassa. Une autre. Elle ne les regardait même pas. Elle fonçait à côté du train, ses cheveux noués en queue-de-cheval ballottant sur la nuque.

À la quatrième échelle, elle bondit. Dès que ses mains agrippèrent les barreaux, elle fut secouée en tous sens. Ses jambes volèrent. Ses pieds frappèrent le sol et rebondirent. Elle allait être aspirée sous les roues. Nailer s'apprêta à ce qu'elle soit déchiquetée, mais elle plia les jambes, les ramena sous elle, et réussit à grimper à l'échelle du wagon. Elle passa un bras sous un barreau et regarda en arrière.

— Le bout du train se rapproche, observa Tool.

Nailer opina. Inspira une nouvelle fois et, cette fois, se lança.

Il comprit immédiatement pourquoi Nita n'avait pas regardé le train. Le long des rails, le sol était beaucoup plus inégal qu'il n'y paraissait de loin. Cela n'avait jamais été le cas pour les sauts de Reni. Nailer devait surveiller sa course pour ne pas se ramasser.

La vitesse et le bruit du train lui donnaient le vertige. Les wagons se succédaient et il se voyait tomber sous les roues et mourir déchiqueté. Il courait aussi vite qu'il le pouvait mais les échelles défilaient.

Comment avait fait Nita ? Il regarda en arrière pour voir les wagons approcher. Le mouvement et le vacarme lui donnaient la nausée. Il trébucha, faillit tomber, se rattrapa, se reconcentra sur sa course et accéléra. Il compta le temps entre les échelles. *Un, deux*. Puis trois secondes pour que passe le wagon puis, un, deux. Il pria le Ganesh de Pearly et le Destin. *Un, deux. Pause. Un, deux, trois. Un, deux…*

La première échelle le dépassa. Nailer sauta pour attraper la suivante. Sa main cogna le montant et fut violemment repoussée, le déséquilibrant. Ses jambes s'emmêlèrent. Il chuta et roula sur le gravier avant de s'immobiliser. Les wagons défilaient, il était étourdi. Ses genoux et ses mains saignaient. Son épaule n'était plus qu'une fleur de douleur.

Il vit passer Tool, bien arrimé à une échelle. Le mi-bête le regarda, ses yeux jaunes impassibles devant son échec.

On ne voyait plus Nita. Nailer se releva et se remit à courir. L'extrémité du train était de plus en plus proche. Il s'était blessé une jambe dans la chute et sa course était ralentie par une espèce de boitement. Les échelles le dépassaient rapidement. Une fois de plus, il les chronométra. Le dernier wagon arrivait.

*Maintenant ou jamais.*

Nailer accéléra et bondit. Au lieu d'accrocher un barreau, il agrippa un montant de l'échelle à deux mains. Son épaule explosa de douleur. Ses pieds rebondirent sur les cailloux puis il réussit à se hisser et à replier son corps pour se laisser pendre à l'échelle.

Le sol défilait sous lui à toute vitesse. Le vent le fouettait et l'étourdissait. Il lutta pour trouver une nouvelle prise, enserra un barreau et grimpa. De barreau en barreau, il s'éloigna des cailloux. Avec la vitesse, la jungle était devenue une brume émeraude. Ses bras tremblaient, tout son corps fourmillait d'adrénaline. Ses jambes étaient faibles, mais il escalada le wagon de fret et observa le train qui s'étirait devant lui.

Ses pieds étaient éraflés, son genou saignait, la chair de ses mains était à vif mais il était en sécurité et il s'en était sorti. Loin devant, Nita et Tool regardaient dans sa direction. Nita lui fit des signes, auxquels il répondit malgré son épuisement puis il laissa son corps trembler. À un moment ou un autre, il allait devoir les rejoindre mais, pour l'instant, il voulait juste se reposer, reconnaissant envers le Destin. Accroché au train, il se sentait absurdement en sécurité. Il regarda en arrière. Les rails jumeaux semblaient avalés par la jungle. Chaque minute qui s'écoulait l'éloignait de son passé.

Il ne put s'empêcher de sourire. Son corps était douloureux mais il était vivant, son père était loin et ce qui l'attendait ne pouvait pas être pire que ce qu'il laissait derrière lui. Pour la première fois de sa vie, il était réellement en sécurité, hors de portée de son père.

Cette pensée le ramena à Pima et à sa mère qui, en restant, n'avaient plus que d'interminables journées de travail devant elles, sous la menace de son père. Maintenant, il s'inquiétait. Dans l'excitation de la fuite, il n'avait pas songé aux conséquences de son départ pour elles – son besoin de partir était si désespéré qu'il n'avait pas été capable de penser à autre chose – mais, à présent, elles lui venaient à l'esprit, comme des démons jouant avec sa culpabilité.

Il regarda derrière lui, toucha son front de sa main libre et pria le Destin que tout se passe bien pour elles. Qu'elles soient capables d'éloigner Richard Lopez, que celui-ci croie que Tool l'avait trahi pour la récompense et n'envisage pas que Sadna et Pima soient responsables de ce qui s'était passé. Nailer pria pour les gens qu'il avait abandonnés, avant de se retourner et de laisser le vent frapper son visage de plein fouet. Il ouvrit la bouche pour se gorger de chaleur, de vitesse et des odeurs de la jungle.

À travers les arbres, il aperçut un morceau d'océan, bleu et scintillant. Le train se dirigeait vers la côte. Au loin, il vit le clipper amarré, dont les voiles brillaient au soleil comme une mouette sur une mer-miroir. Il sourit en pensant à tous ces rupins qui devaient fouiller la jungle pour les retrouver sans deviner qu'ils avaient été floués et que leurs proies avaient été plus intelligentes qu'eux.

Le bateau et l'océan disparurent, masqués par le désordre émeraude des arbres et des lianes. Nailer regarda vers l'avant du train et vers les tours d'Orleans la noyée.

## Chapitre 16

Le problème quand on fuit c'est qu'il vaut toujours mieux s'y être préparé.

Dans leur précipitation, ils avaient emporté peu de choses et il leur était impossible de récupérer de la nourriture en voyageant entre les wagons. Au bout de quelques heures, Nailer mourait de faim et rêvait du repas qu'il avait mangé la veille.

Il s'était imaginé que, en restant immobile, il n'aurait pas besoin de se nourrir. Après tout, il faisait moins d'efforts qu'au boulot. Mais son corps était fragilisé par le jeûne des jours de fièvre et il sentait son estomac se coller contre sa colonne vertébrale. N'y pouvant rien changer, il serra les dents, écouta son ventre gémir et lui promit un festin dès qu'ils arriveraient dans la cité engloutie.

Entre les wagons, il y avait de petites plateformes de service, des planches d'acier de soixante centimètres de large, parfaites pour travailler mais horriblement inconfortables pour voyager. Tool avait parcouru le train à la recherche d'ouvertures mais il avait été incapable de desceller les conteneurs. Ils restaient donc sur les plateformes, recroquevillés, à regarder le sol défiler sous eux et le vent fouetter les alentours. C'était inconfortable, mais moins que le toit des wagons rendu brûlant par le soleil.

Dormir près des roues était impossible. Ils s'arrimaient aux échelles et somnolaient entre deux sursauts. Tous les mouvements du train étaient violents : accélérations brutales et décélérations hachées qui menaçaient de les faire tomber de leurs perchoirs. Pour ne plus risquer d'être jetés entre les wagons, Nailer et Nita avaient enroulé leurs bras autour des échelles. Une autre fois, tandis que le train freinait, Tool les avait écrasés de tout son poids contre le métal. Nailer en avait presque été assommé.

Mais ces désagréments n'étaient rien comparés au manque d'eau. Les quelques bouteilles qu'ils avaient emportées s'étaient rapidement vidées et, dès le deuxième jour, la chaleur avait commencé à les déshydrater. Ils n'avaient rien d'autre à faire que de regarder le paysage et d'espérer que le train atteigne bientôt sa destination.

Parfois, quand apparaissent d'immenses lacs, ils avaient envie de sauter du train pour se jeter dans l'eau fraîche, mais Tool était catégorique : jamais ils ne pourraient attraper d'autre train à une telle vitesse. Donc, à moins qu'ils préfèrent marcher pendant des jours, il ne leur restait qu'à souffrir.

Même si Nailer n'avait pas du tout envie de sauter à nouveau dans un train et qu'il savait que la grande créature avait raison, il détestait devoir attendre. Pour tuer le temps, ils parlaient.

— Qui sont les gens qui te poursuivent ? demanda Nailer à Nita. Pourquoi te pensent-ils si importante ?

— C'est Nathaniel Pyce. Un oncle par mariage d'affaires. (Elle hésita.) Lui et les siens veulent m'utiliser contre mon père.

Nailer fronça les sourcils, troublé. Nita vit son incompréhension.

— Pyce utilisait nos ressources de manière inappropriée et mon père a découvert ses agissements.

Maintenant, Pyce veut se servir de moi pour empêcher mon père de lui causer des problèmes. Je suis idéale pour faire pression sur lui.

— Pression ?

— Pyce veut contraindre mon père à faciliter une opération dont il rejette jusqu'à l'idée. Si Pyce me prend en otage, mon père sera obligé de collaborer. Pyce veut empocher des millions… et pas en dollars, en billets rouges ! Des milliards. (Ses yeux sombres le fixèrent.) C'est suffisant pour construire un millier de clippers et beaucoup plus que ce que tes chantiers de ferraillage rapporteront de toute leur vie.

— Et ton père est contre ?

— C'est un projet de raffinage de sable goudronneux. Une manière de fabriquer du fuel, une alternative au pétrole brut. Sa valeur a augmenté avec les limitations d'émission de carbone. Pyce raffine déjà du sable goudronneux dans nos entreprises du Nord et utilise secrètement les clippers Patel pour le transporter vers la Chine.

— Pour moi, ça ressemble à un Lucky strike, dit Nailer. C'est comme tomber dans une nappe de pétrole en ayant déjà un acheteur. Tu ne crois pas que ton père devrait prendre sa part et laisser ce Pyce continuer ?

Nita le dévisagea, choquée. Elle ouvrit la bouche. La referma puis l'ouvrit à nouveau. Et la referma, manifestement démontée.

— C'est du fuel de marché noir, grogna Tool. Interdit par les conventions sinon dans les faits. Le seul truc qui rapporterait plus serait le transport de mi-bêtes, sauf que ça, bien sûr, c'est légal. Mais ce n'est pas tout. N'est-ce pas, Lucky Girl ?

Nita hocha involontairement la tête.

— Pyce échappe à la taxe carbone grâce aux désaccords territoriaux en Arctique et, quand ses chargements arrivent en Chine, ça lui est facile de les vendre sans laisser de traces. C'est risqué, c'est illégal et mon père l'a découvert. Il allait forcer Pyce à quitter la famille, mais Pyce s'est retourné contre lui avant qu'il n'y parvienne.

— Des milliards de billets rouges ? dit Nailer. Ça vaut autant que ça ?

Elle opina.

— Ton père est fou alors. Il aurait dû s'emparer du business.

Nita le toisa avec dégoût.

— N'y a-t-il pas assez de cités englouties ? Ni assez de gens qui meurent de la sécheresse ? Ma famille gère une entreprise propre. Ce n'est pas parce qu'un marché existe qu'il faut le servir.

Nailer éclata de rire.

— T'essaies de me dire que tes dealers de rouille ont la conscience propre ? Que raffiner du pétrole est plus sale que d'acheter notre sang et notre rouille pour vous fournir en matières premières ?

— Ça l'est.

— Ce n'est que de l'argent, au bout du compte. Et tu vaux beaucoup plus que je ne pensais. (Il l'étudia spéculativement.) Tu as eu raison de ne pas me le dire avant que je coupe les ponts avec mon père. Je l'aurais peut-être laissé te vendre. Ton oncle Pyce aurait payé une fortune.

Nita sourit, hésitante.

— Tu es sérieux ?

Nailer n'était pas sûr de ce qu'il ressentait.

— Ça fait foutrement beaucoup d'argent, dit-il. Et, si tu penses que t'as une moralité, c'est parce que t'as pas besoin d'argent.

Il lutta contre un sentiment de désespoir face à une décision sur laquelle il ne pouvait pas revenir.

*Tu veux être comme Sloth ?* se demanda-t-il. *Tout faire pour amasser du pognon ?*

Sloth avait été à la fois une traîtresse et une idiote, mais Nailer ne pouvait s'empêcher de penser que le Destin lui avait offert le plus gros Lucky strike de l'histoire et qu'il l'avait dédaigné.

— Comment tu as pu te retrouver dans l'ouragan, puisque tu as autant de pognon ? demanda-t-il.

— Mon père m'a envoyée dans le Sud pour me protéger si l'affaire dégénérait. Personne n'était supposé savoir où j'étais. (Son regard devint lointain.) Nous ne savions pas qu'ils arrivaient. Nous ne soupçonnions pas... (Elle se corrigea.) Le capitaine Arensman a dit que nous devions fuir. Il savait. J'ignore comment. Peut-être trahissait-il avant de faire machine arrière. Peut-être a-t-il été aidé par le Destin. (Elle secoua la tête.) Je ne sais pas. Je ne pourrai plus le savoir désormais. En tout cas, je ne l'ai pas cru et j'ai attendu. Mes gens sont morts parce que j'ignorais que je courais un risque. (Son visage se durcit.) On a failli ne pas pouvoir sortir du port, ils étaient déjà à notre poursuite, jour et nuit.

» Quand l'ouragan est arrivé, nous n'avons eu le choix que de le prendre de vitesse ou de nous rendre. Le capitaine Arensman m'a laissé ce choix.

— Tu ne pouvais pas négocier ?

— Pas avec Pyce. Cet homme ne négocie pas quand il est sûr d'avoir déjà gagné. Alors, j'ai dit à Arensman de foncer vers la tempête. Je ne sais pas pourquoi il a accepté. Impossible de tenir debout, des vagues par-dessus les ponts et aucun vent favorable, seulement le hurlement de l'ouragan qui nous déchiquetait. J'étais sûre que j'allais mourir, mais, si nous nous étions rendus, ce serait revenu au même. (Elle haussa les épaules.) Nous avons foncé dans la tempête, les vagues se sont jetées sur nous, nos voiles se sont déchirées, nous avons perdu le mât et l'eau est passée par les hublots. (Sa respiration était hachée.) Les gens de Pyce, eux, ont fait demi-tour.

— Tu as tout risqué, grogna Tool.

— Je suis un pion, réagit-elle. Je peux être sacrifiée mais je ne peux pas être capturée. Ma capture mettrait fin à cette partie d'échecs. (Elle regarda les arbres.) Je dois fuir ou mourir parce que, si on me capture, Pyce peut forcer mon père à faire des choses terribles.

— Si ton père souhaite se sacrifier pour toi, l'interrompit Tool. Peut-être qu'il sait ce qu'il fait.

— Vous ne comprenez pas.

— Je comprends que tu as sacrifié tout un équipage à l'ouragan.

Nita le fixa puis détourna les yeux.

— Si j'avais pu faire un autre choix, je l'aurais fait.

— Tes gens étaient sacrément loyaux.

— Pas comme toi, rétorqua-t-elle avec un venin surprenant.

Tool cilla, ses yeux jaunes brillaient.

— Tu préférerais que je sois un bon chien ? Que je sois resté dévoué au père de Nailer, peut-être ? (Il cilla à nouveau.) Tu aimerais que je sois une brave bête, comme celles que tu avais sur ton bateau ? (Il sourit, montrant les dents.) Lopez pensait que ton sang bien propre, tes grands yeux et ton cœur vigoureux lui rapporteraient une belle somme chez les Moissonneurs. Tu préférerais que je sois resté fidèle à ça ?

Nita lui lança un regard mauvais mais les jointures de ses doigts étaient blanches.

— N'essaie pas de me faire peur.

Tool montra à nouveau les dents.

— Si je voulais vraiment faire peur à une créature aussi gâtée et préservée que toi, je n'aurais pas à me fouler.

Nailer les interrompit.

— Ça suffit vous deux. (Il posa la main sur l'épaule de Tool.) Nous sommes contents que tu sois venu avec nous. Nous te sommes redevables.

— Je ne l'ai pas fait pour vous. Je l'ai fait pour Sadna. (Il s'adressa à Nita.) Sadna vaut dix fois ton père avec tout son fric et un millier de fois ce que tu représentes, quoi qu'en pensent tes ennemis.

— De quelle valeur parles-tu ? répliqua Nita. Mon père est à la tête de flottes entières.

— Les riches mesurent tout à l'aune de l'argent. Sadna a risqué sa vie et celle de son équipe pour me sortir du pétrole en feu. Elle n'était pas obligée de m'aider à soulever une poutrelle d'acier que je ne pouvais pas repousser seul. Les autres ont tenté de la décourager. C'était dangereux. Et je n'étais qu'un mi-bête. (Tool ne détachait pas son regard de celui de Nita.) Ton père commande des flottes entières. Et des milliers de mi-bêtes aussi, j'en suis sûr. Mais risquerait-il sa vie pour en sauver ne serait-ce qu'un seul ?

Nita fronça les sourcils mais resta silencieuse, et le silence entre eux se prolongea. Finalement, ils s'installèrent pour tenter de dormir malgré les mouvements du train.

La grande cité engloutie de New Orleans apparut par portions. Des cabanes effondrées empalées par des banians ou des cyprès. Des éboulements de béton et de briques entre les dolines. Des groupes de bâtiments abandonnés envahis par le kudzu à l'ombre des arbres du marais.

Les rails élevèrent le train au-dessus des marécages qui formaient des flaques vertes d'algues et de nénuphars dans un nuage d'aigrettes, de mouches et de moustiques. Les soutènements étaient renforcés pour que les voies résistent aux ouragans qui s'attaquaient régulièrement à la côte, mais il n'y avait aucun indice que des gens puissent vivre dans les marais.

Ils passèrent à toute vitesse sur l'échine moussue d'une ville morte. Les vestiges détrempés d'un monde d'optimisme mis à terre par le travail patient de la nature en mutation. Nailer se demanda qui avait habité ces bâtiments effondrés, comment ils vivaient, où ils étaient partis. Les bâtisses étaient immenses, plus grandes que tout ce qu'il avait vu sur les chantiers. Les plus solides, de verre et de béton, étaient mortes de la même manière que les plus fragiles qui avaient fondu, ne laissant derrière elles que des planches pourrissantes.

— C'est ça New Orleans ? s'étonna-t-il.

Nita secoua la tête.

— Non. Ce n'étaient que de petites villes à l'extérieur de la cité. Des banlieues. Il y en a partout. Sur des kilomètres. Cela date de l'époque où tout le monde avait une voiture.

— Tout le monde ? (L'idée semblait saugrenue. Comment autant de gens avaient-ils pu être à ce point riches ? C'était aussi absurde que si, aujourd'hui, chacun possédait un clipper.) Comment faisaient-ils ? Il n'y a pas de route.

— Oh si. (Elle pointa un doigt vers le bas.) Regarde.

En regardant attentivement la jungle, Nailer devina les boulevards du passé. Les arbres avaient repris le pouvoir et les routes n'étaient plus que des sentiers couverts de mousse et de fougères. Il fallait les imaginer sans la végétation, mais elles étaient là.

— Où trouvaient-ils le pétrole ? demanda-t-il.

— Oh, partout. (Nita éclata de rire.) De l'autre côté du monde. Au fond de la mer. (Elle désigna les ruines englouties et l'océan.) Ils faisaient même des forages ici, dans le golfe. Ils ont détruit les îles. C'est pour ça que les tueuses de villes sont si terribles. Les îles formaient une barrière et ils les ont détruites pour pouvoir pomper le pétrole.

— Ah ouais ? la défia Nailer. Comment tu le sais ?

Le rire de Nita retentit à nouveau.

— Si tu étais allé à l'école, tu le saurais aussi. Les tueuses de villes des Orleans sont célèbres. N'importe quel débile le sait. (Elle s'interrompit brusquement.) Je veux dire…

Nailer eut envie de la frapper.

Tool éclata d'un grondement hilare.

Parfois, Nita semblait sympa. Parfois, elle n'était qu'une rupine. Prétentieuse, riche et faible. Dans ces moments, Nailer se disait qu'elle aurait pu apprendre une ou deux choses à Bright Sands Beach et que même Sloth valait mieux que cette richarde… qui restait jolie même après ce qu'ils avaient vécu, comme si la crasse, la douleur et les combats ne l'avaient pas effleurée.

— Je suis désolée, dit-elle.

Nailer haussa les épaules, ignorant ses excuses. Ce qu'elle pensait de lui était clair.

Le voyage se poursuivit en silence. Ils aperçurent un village dans une clairière taillée dans les arbres et les ombres de la jungle, une petite communauté de pêcheurs perchée dans le marais, des baraques semblables à celles que Nailer connaissait, avec des cochons et des légumes dans les jardins. Pour lui, cela paraissait accueillant. Il se demanda ce que Nita voyait.

Finalement, la jungle s'ouvrit sur un espace dégagé. Les arbres moins hauts leur ouvraient la vue loin devant eux. Si éloignée fût-elle encore, la cité paraissait immense. Un florilège d'aiguilles perçant le ciel.

— Orleans II, annonça Tool.

## Chapitre 17

Nailer tendit le cou pour voir la métropole mutilée par-dessus la canopée.

— Il doit y avoir un tas de trucs à récupérer ici, dit-il.

Nita secoua la tête.

— Il faudrait d'abord abattre les tours, donc recourir à toutes sortes d'explosifs. Ça n'en vaut pas la peine.

— Ça dépend de la masse de blanc et de noir qu'on pourrait récupérer. Il suffirait d'une équipe de légers dans un bâtiment pour savoir.

— Il faudrait travailler au milieu du lac.

— Et alors ? Si vous autres les richards avez laissé des trucs derrière vous, ça en vaudrait la peine. (Il détestait sa manière de se comporter, comme si elle savait tout. Il fixa les tours.) Je parie que tous les bons trucs ont déjà été récupérés. C'était trop tentant.

— Quand bien même ! (Tool désigna les bâtisses disséminées et recouvertes de verdure.) Avec de l'organisation, ça ferait un sacré butin.

Nita ne l'entendait pas de cette oreille.

— Pour avoir le droit de varech, il faudrait affronter les locaux, lutter pour chaque centimètre. Sans les traités et les milices de commerce, même la zone de transbordement serait contestée. (Elle grimaça.) On ne peut pas négocier avec des gens comme ça. Ce sont des sauvages.

— Des sauvages comme Nailer ? la houspilla Tool.

La malice brillait dans ses yeux jaunes. Nita rougit, détourna le regard, repoussa une mèche de cheveux derrière une oreille et fit semblant de s'intéresser à l'horizon.

Quoi que Nita en pense, il y avait beaucoup de matériel à récupérer et, si Nailer comprenait bien, il ne s'agissait que d'Orleans II. Il y avait aussi la New Orleans originelle et Mississippi Metropolitan, ou MissMet, qui aurait dû s'appeler Orleans III… si les plus ardents défenseurs de la cité engloutie n'avaient pas craint le mauvais œil qui s'acharnait sur le nom « Orleans ».

Certains ingénieurs avaient affirmé qu'il était possible de construire des tours résistantes aux ouragans au-dessus de la baie de Pontchartrain, mais les marchands et les négociants étaient las de l'embouchure du fleuve et des tempêtes. Ils avaient abandonné la cité engloutie aux docks, aux plateformes de chargement en eau profonde et aux bidonvilles pour déplacer leurs richesses, leurs maisons et leurs enfants vers une terre à une altitude rassurante.

MissMet se trouvait loin de l'estuaire, bien audessus du niveau de la mer. La ville était protégée des tempêtes comme aucune autre. Elle était conçue depuis ses fondations pour éviter les catastrophes nées d'un optimisme enfui. Un enclos pour riches dont Nailer avait entendu dire qu'il était pavé d'or, avec des murs scintillants, des gardes et des fils de fer barbelés pour éloigner le menu fretin.

Jadis, New Orleans évoquait le jazz, le créole, mardi gras, les fêtes et l'abandon, une décomposition luxuriante et verte dans un hymne à la vie. À présent, ce n'était plus qu'une chose.

La défaite.

Le train dépassa de nouvelles ruines, une profusion stupéfiante de matériaux laissés à l'abandon, pourrissant dans l'enchevêtrement des arbres et des marais.

— Pourquoi ils ont abandonné ? demanda Nailer.

— Parfois, les gens apprennent de leurs erreurs, répondit Tool.

Il sous-entendait que la plupart ne le faisaient pas. Les décombres des cités jumelles étaient autant d'indices témoignant de la lenteur des gens de l'Ère accélérée à intégrer le changement.

Le train s'orienta vers les tours décapitées. La silhouette décrépite d'un ancien stade se dessina entre les flèches d'Orleans II, marquant l'entrée de la vieille ville des terres englouties.

— Stupides ! cracha Nailer. (Tool se pencha en avant pour l'entendre dans le vent et le garçon cria dans son oreille.) Ils étaient foutrement stupides !

Tool haussa les épaules.

— Personne ne s'attendait à des ouragans de catégorie six. Les tueuses de villes n'existaient pas encore. Le climat a changé. Les courants ont changé. Ils ne l'avaient pas anticipé.

Nailer ne concevait pas que personne n'ait compris que Mississippi Alley deviendrait la cible d'ouragans mensuels dévastant tout ce qui n'avait pas le bon sens de se claquemurer, de flotter ou de se réfugier sous terre.

Le train filait sur les rails au sommet des pylônes, droit vers le noyau commercial de la cité. Il survolait une eau saumâtre, jonchée d'ordures et empestant les produits chimiques, qu'irisaient des traînées de pétrole. Arrimés à des plateformes flottantes, des loaders de transbordement chargeaient d'énormes conteneurs sur des clippers. Des bateaux à fond plat, typiques du Mississippi, débordaient d'objets luxueux qui avaient traversé l'océan.

Juste après avoir dépassé les chantiers de récup' et de recyclage, où des hommes et des femmes suaient en remplissant des carrioles que d'autres conduisaient au pesage pour la vente, le train commença à ralentir. Une série d'aiguillages lui fit traverser une zone stérile que les rails disputaient aux taudis. Il freina plus franchement juste après le dernier aiguillage. Les roues crissèrent, provoquant un tremblement qui se répercuta sourdement de wagon en wagon jusqu'à la queue du train.

Tool fit signe à Nita et Nailer.

— On descend maintenant. On va entrer en gare et pas mal de gens risqueraient de se poser des questions sur notre présence.

Le train avançait lentement, mais leur saut se transforma en roulé-boulé quand ils touchèrent terre. Nailer se releva, essuya la poussière de ses yeux et observa les environs. Ce n'était pas très différent des chantiers sur la plage. De la ferraille, des ordures, de la saleté grasse, du suif et des taudis d'où les gens les observaient, l'œil vide.

Nita aussi regardait autour d'elle. Elle ne paraissait pas plus impressionnée que Nailer, qui était content que Tool soit à leurs côtés tandis qu'ils se frayaient un chemin dans le bidonville. Quelques hommes se reposaient à l'ombre, couverts de tatouages et de piercings aux allégeances inconnues. Leurs regards s'attardèrent sur les trois intrus. Les poils dressés sur la nuque, Nailer serra le couteau dans sa poche. Ceux qui les évaluaient ressemblaient à son père. Oisifs, probablement défoncés, dangereux.

Les odeurs dans l'air étaient alléchantes. Thé, sucre, café, *dirty rice*[1] et haricots rouges, bananes pourrissantes. L'estomac de Nailer gronda. Un enfant urinait contre un mur en les observant de ses yeux solennels.

Finalement, ils débouchèrent dans une grande rue où des marchands de blanc vendaient des outils, des feuilles de métal, des rouleaux de fil de fer. Un triporteur passa en cliquetant, débordant d'objets de récup'. Du fer-blanc, estima Nailer en se demandant si le cycliste était acheteur ou vendeur, et où il se rendait.

— Et maintenant, on fait quoi ? interrogea-t-il.

Nita fronça les sourcils.

— Nous rejoignons les quais. Je dois savoir si l'un des bateaux de mon père y est amarré.

— Et si c'est le cas ? s'enquit Tool.

— Il me faut le nom du capitaine. Il y en a encore en qui je peux faire confiance.

— Tu es sûre ?

Elle hésita.

— Il doit en rester quelques-uns.

Tool tendit un doigt.

— Les clippers doivent être là-bas.

Nita fit signe à Nailer et au mi-bête de la suivre. Nailer jeta un œil à leur compagnon, mais la créature massive était indifférente au comportement autoritaire de la jeune fille.

Ils progressèrent péniblement. Les odeurs de mer, de pourriture, d'humanité en loques étaient bien plus fortes que sur la plage, et la ville était immense. Ils marchèrent et marchèrent ; les rues, les taudis et les étals de ferraille ne changeaient pas. Des hommes

1. Spécialité de La Nouvelle-Orléans, c'est une sorte de risotto aux abats.

et des femmes circulaient en rickshaw ou à vélo. Ils virent même une voiture à essence cahoter sur les ornières, son moteur grinçait et geignait. Finalement, le bidonville brûlant laissa la place à des avenues plus fraîches, bien ombragées, où des cabanes de fortune s'adossaient à des bâtisses plus grandes. De nombreuses personnes en sortaient ou y entraient. Les bâtiments avaient des enseignes que Nita lut pour Nailer : MEYER TRADING ; ORLEANS RIVER SUPPLY ; YEE & TAILOR, SPICES ; DEEP BLUE SHIPPING CORPORATION, LTD.

Soudain, la rue plongea dans l'eau. Des bateaux et des taxis fluviaux étaient à l'amarre, des hommes attendaient le chaland dans leurs canots à rames.

— Sans issue, déclara Nailer.

— Non. (Nita secoua la tête.) Je connais cet endroit. Nous ne sommes plus très loin. Nous devons traverser l'Orleans pour atteindre les plateformes de pleine mer. Nous aurons besoin d'un taxi.

— Ils ont l'air cher.

— La mère de Pima t'a donné de l'argent, non ? demanda Nita. Je suis sûre qu'il y a plus qu'assez.

Nailer hésita avant de sortir la liasse de billets rouges.

— Il vaut mieux économiser, intervint Tool. Bientôt, vous aurez faim.

Nailer fixa l'eau saumâtre.

— J'ai déjà très soif.

Nita fronça les sourcils.

— Et comment va-t-on faire pour aller voir les clippers ?

— Il suffit de marcher, dit Nailer.

Des gens se déplaçaient dans l'eau, plutôt lentement mais l'eau ne leur arrivait qu'à la taille.

Nita eut une mimique de dégoût.

— On ne peut pas traverser à pied. C'est trop profond.

— Dépensez votre argent pour de l'eau potable, conseilla Tool. Les ouvriers disposent nécessairement d'un moyen pour rejoindre les plateformes de chargement. Les pauvres nous guideront.

Nita acquiesça à contrecœur. Ils achetèrent de l'eau brunâtre à un homme au sourire tout en dents pourries qui jurait que le liquide était dépourvu de sel et bien bouilli. Il leur indiqua joyeusement la direction qu'ils cherchaient et leur offrit même de les emmener sur son bateau, mais il demandait trop cher. Ils empruntèrent donc des rues à moitié noyées et des ponts de bois flottants qui pourrissaient. La puanteur du poisson et du pétrole les assaillait par vagues, piquant les yeux de Nailer et lui rappelant les chantiers de ferraillage.

Ils atteignirent ce qui n'était pas tout à fait un rivage, délimité par une série de bouées dans l'eau placide.

Nita examina l'eau avec dégoût.

— On aurait dû prendre un bateau.

Nailer sourit.

— Tu as peur ? demanda-t-il.

Elle lui décocha un regard mauvais.

— Non. Mais ce n'est pas propre. Cette eau est saturée de produits chimiques et de poisons. (Elle renifla.) Impossible de savoir ce qu'elle contient.

— Ouais. Eh bien, ça te tuera peut-être demain mais pas aujourd'hui. (Il avança dans l'eau visqueuse, recouverte d'une fine couche de pétrole.) Ce n'est rien en comparaison de la flotte autour des épaves et des chantiers de ferraillage. Et ça ne m'a pas encore tué. (Il sourit à nouveau, prenant plaisir à la provoquer.) Viens. Allons voir si un clipper t'attend.

Nita serra les lèvres mais suivit. Nailer avait envie de rire. Lucky Girl était intelligente, mais son côté bégueule était foutrement bizarre. En tout cas, en la regardant s'enfoncer dans l'eau, il jubilait : la petite fille riche devait se plonger dans la crasse comme une personne normale. Tool la suivit, sa silhouette énorme provoquant des vaguelettes dans les filets de pétrole et les nénuphars. Ils avancèrent lentement. L'eau, de plus en plus profonde, atteignit leur poitrine.

Des bouées de plastique signalaient un passage pour les piétons. L'une était orange, une autre blanche, une troisième était décorée d'une pomme délavée, une quatrième d'un dessin de vieille automobile. Ils longèrent des conteneurs abandonnés et des vestiges d'habitations. Le chemin se poursuivait après les derniers décombres.

Ils avançaient prudemment, derrière une file d'hommes et de femmes qui peinaient, moitié marchant, moitié nageant vers les quais lointains. À un moment, Nita perdit pied et disparut sous l'eau. Tool l'en extirpa et la déposa sur le chemin que tous suivaient.

Elle repoussa de longues mèches dégoulinantes de son visage et lança un regard mauvais vers les bateaux et les quais au loin.

— Pourquoi n'utilisent-ils pas des bateaux ?

— Pour ces gens-là ? (Tool désignait la file devant eux.) Ils n'en valent pas la peine.

— Quelqu'un pourrait quand même construire un pont flottant. Ça ne doit pas revenir très cher.

— Dépenser de l'argent pour les pauvres, c'est comme jeter de l'argent au feu. Ils se contentent d'en profiter et ne remercient jamais, affirma Tool.

— Pourtant, faciliter l'accès aux quais permettrait de faire des économies.

— L'eau ne semble gêner personne.

Effectivement, la foule était nombreuse et, si quelques-uns utilisaient des sacs en plastique pour protéger ce qu'ils voulaient garder au sec, la plupart ne paraissaient pas se soucier de la pénibilité de la traversée dans une eau brunâtre au milieu des algues vertes. Nita se remit en mouvement, déterminée à ne pas montrer son dégoût.

Chaque fois que Tool lui adressait la parole, c'était pour lui infliger un coup de fouet. Nailer ne savait pas pourquoi mais il aimait bien la voir gênée. Il avait en lui ce sentiment qu'elle le percevait comme un animal, une créature certes utile, à l'image d'un chien mais certainement pas à celle d'une personne. Cela dit, il n'était lui-même pas très sûr qu'elle soit une personne. Les rupins étaient différents. Ils venaient d'ailleurs, ils vivaient autrement, et ils détruisaient des clippers pour la survie d'une seule fille.

— Pourquoi nous as-tu suivis, Tool ? demanda soudain Nita. Tu n'es pas supposé être capable de quitter ton maître.

Tool la regarda dans les yeux.

— Je vais où je veux.

— Mais tu es un mi-bête.

— Donc moitié homme. (Il ne la quittait pas du regard.) Pourtant, je suis deux fois plus grand que toi, Lucky Girl.

— De quoi parlez-vous ? s'enquit Nailer.

— Il est censé avoir un maître, répondit Nita. On fait prêter serment aux mi-bêtes. Ma famille les importe du Nippon, après entraînement, pour un maître.

Les yeux de Tool ne la lâchaient pas. Ses yeux jaunes de chien, bestiaux, examinaient la créature qu'il pouvait écraser en un instant.

— Je n'ai pas de maître.

— C'est impossible, s'entêta Nita.

— Pourquoi ? demanda Nailer.

— Nous sommes connus pour notre loyauté absolue, expliqua Tool. Lucky Girl est déçue de découvrir que nous n'apprécions pas tous l'esclavage.

— Impossible, répéta Nita. Vous êtes conditionnés…

Les énormes épaules de Tool se soulevèrent, faisant rouler ses muscles.

— Ils ont fait une erreur avec moi. (Il sourit comme s'il riait d'une private joke.) Je suis plus intelligent qu'ils le souhaitaient.

— Ah ? le défia Nita.

Les yeux jaunes l'évaluèrent à nouveau.

— Assez intelligent pour choisir qui je sers et qui je trahis, ce qui est bien plus que le reste de mon… peuple.

Nailer n'avait jamais réfléchi à la présence de Tool chez les ferrailleurs. Il était juste là, comme les boat people. Le clan Spinoza, les McCalleys et les Lals étaient venus pour travailler, comme Tool. Uniquement pour le boulot.

Mais ce que disait Lucky Girl sonnait juste. D'après ce qu'il avait entendu, les mi-bêtes étaient utilisés comme gardes du corps, comme tueurs ou comme soldats. Il en avait vu avec les banquiers de Lawson & Carlson et avec les dealers de rouille qui venaient inspecter les chantiers. Ils n'étaient jamais seuls. Toujours avec des rupins. Avec des gens qui avaient les moyens de s'acheter des créatures issues d'un cocktail génétique entre humain, tigre et chien. Et ils étaient chers. Les œufs humains indispensables à leur développement connaissaient une forte demande et se vendaient à des prix impressionnants. Le Culte de la Vie vivait en partie des ovules de ses fidèles que les Moissonneurs étaient toujours prêts à acheter.

— Où est ton maître ? demanda Nita. Ne devrais-tu pas mourir avec lui. Nos mi-bêtes disent toujours qu'ils mourront avec nous, qu'ils mourront pour nous.

— Certains d'entre nous sont extraordinairement loyaux, railla Tool.

— Mais tes gènes…

— Si les gènes décidaient du destin de chacun, Nailer aurait dû te vendre à tes ennemis et dépenser l'argent en démons rouges et en whiskey Black Ling.

— Ce n'est pas ce que je voulais dire.

— Non ? Mais, puisque tu descends des Patel, tu es intelligente et civilisée, c'est ça ? Et, comme Nailer est le fils d'un tueur parfait, nous savons ce qu'il est.

— Je ne voulais vraiment pas dire ça.

— Alors ne préjuge pas de ce que mon espèce peut ou ne peut pas faire. (Les yeux de Tool la clouaient sur place.) Nous sommes plus rapides, plus forts et, quoi que tu en penses, plus intelligents que nos maîtres. Me voir en liberté t'inquiète, fille de maîtres ?

Nita frémit.

— Nous vous traitons bien. Ma famille…

— N'en rajoute pas. Ceux de mon espèce serviront la tienne, de toute manière.

Tool détourna les yeux et se remit en route. Nita se renferma. Nailer suivit en ressassant l'étrange conflit dont il venait d'être témoin.

— Tool, appela-t-il. Ils t'ont vraiment conditionné pour que tu serves un maître ?

— Ils ont essayé. Il y a très longtemps.

— Qui ?

Tool haussa les épaules.

— Ils sont morts. Ça n'a plus d'importance. (Du menton, il désigna à Nita les quais dont ils se rapprochaient.) Tu reconnais un clipper ?

Nita examina les bateaux contre les quais flottants.

— Pas d'aussi loin.

Ils progressaient avec difficulté. Dans cette chaleur tropicale, la fraîcheur de l'eau était un soulagement, mais Nailer commençait à fatiguer.

Ils s'enfoncèrent davantage à l'approche des quais flottants sur lesquels ils se hissèrent. Lucky Girl essora l'eau saumâtre de ses vêtements avec dégoût tandis que Nailer profitait de la brise sur sa peau mouillée. Au loin, des clippers glissaient sur l'eau. De là où il se trouvait, le monde entier semblait s'étirer devant Nailer. Des clippers et des cargos à l'ancre. Les coques bleues d'Angleterre, les drapeaux rouges de la Chine du Nord. Il avait mémorisé de nombreux drapeaux grâce aux épaves sur lesquelles il avait travaillé et dont les coques étaient peintes aux couleurs d'une nation et d'une entreprise. Les bateaux à quai formaient un vrai catalogue du monde.

Un petit patrouilleur, brûlant du biodiesel, se déplaçait entre les énormes voiliers, il véhiculait des pilotes pour les vaisseaux qui attendaient d'être guidés vers les quais. Partout, les docks bruissaient d'activités. Des rupins empruntaient des navettes pour être transférés de leurs bateaux à la terre ferme ou à la gare. Sur le pont d'un yacht, deux mi-bêtes regardaient Tool avec défiance, ils grognèrent à son passage. Les coolies grouillaient – noirs, roses, bruns, blonds, roux, grands, petits avec leurs tatouages de travail et leurs insignes de taxes –, déchargeaient les cargaisons sur des radeaux. D'autres embarcations à fond plat s'éloignaient lentement des vestiges de la ville pour rejoindre les grands bateaux.

— On aurait pu traverser avec le fret, marmonna Nailer en désignant les conteneurs qui se frayaient un passage vers les clippers.

Certaines barges n'étaient que de vieux voiliers décatis, d'autres plus grandes, plus massives, étaient conçues pour brûler du charbon et tirer avantage du vent. D'énormes voiles ressemblant à des nageoires accrochaient le vent pour déplacer les bateaux pesants et leur cargaison de nickel, de cuivre, d'acier et de fer.

L'activité était enivrante, plus intense encore que la fourmilière des ferrailleurs de Bright Sands Beach. Nita se dressa sur la pointe des pieds pour voir au-dessus des têtes.

— Ces bateaux là-bas, dit-elle.

Dans la direction qu'elle désignait, plusieurs clippers étaient à l'ancre. Un schooner, un catamaran de fret et un yacht amarrés à un quai séparé. Ils étaient magnifiques, équipés de canons et de petits lance-missiles contre les pirates, dangereux et rapides. Aucune ressemblance avec les épaves rouillées que Nailer avait toujours connues et appris à démanteler. En regard des vestiges du vieux monde, les clippers étaient le soleil à la sortie d'un tunnel.

En approchant, Nita put détailler les bateaux.

— Ce ne sont pas les miens, déclara-t-elle, déçue.

Nailer ressentit lui aussi une pointe de déception mais la réprima. Il y avait peu de chance de tomber sur un navire amical du premier coup, même si l'embouchure du fleuve était embouteillée. Des bateaux arrivaient tout le temps. À cet instant, l'un des clippers déplia ses voiles et de longs torrents de toile se mirent en place grâce aux systèmes de poulies. Les voiles claquèrent dès que le bateau s'éloigna du quai.

— On reviendra demain, décréta Nailer.

Lucky Girl hocha la tête mais continua à détailler les bateaux avec l'espoir insensé que l'un d'eux se transforme en bâtiment de la flotte familiale. Quand elle abandonna, ils rebroussèrent chemin. Le crépuscule tombait.

Cette nuit-là, ils achetèrent des brochettes de rat à un vendeur sur un bateau et observèrent le trafic sur le fleuve. De petits canots circulaient, à la rame, transportant de la nourriture, des ouvriers et des marins en permission. Venu de nulle part, le son triste et puissant des cuivres se répercutait sur l'eau noire, dans laquelle quelques enfants jouaient. Pour Nailer, c'était un signe qu'ils étaient en sécurité autant que possible. Les vrais ivrognes et les camés étaient ailleurs.

Le chant des cigales et des crickets emplissait la pénombre. Les moustiques grouillaient autour d'eux. Ils étaient pires que sur la plage des ferrailleurs. Là-bas, le vent de mer en éloignait la plupart mais, ici, dans l'air immobile des marais, ils étaient plus nombreux, plus affamés, plus agressifs. Tool, amusé, regardait Nailer et Nita se débattre avec les suceurs de sang. Nailer se demanda si la peau du mi-bête était si épaisse que les moustiques s'y cassaient la trompe ou si quelque chose en lui effrayait même les insectes.

— Combien t'a donné Sadna, demanda le mi-bête.

— Deux ou trois rouges et un jaune.

— C'est tout ? s'étonna Nita avant de se mordre les lèvres.

— C'est deux semaines de travail de lourd, répondit Nailer. Qu'est-ce qu'il y a ? Tu dépenses plus en une après-midi de shopping ?

Nita se garda de répondre. Tool reprit la parole.

— Il va falloir trouver du travail dès demain si vous voulez continuer à manger.

— Et où ? demanda Nailer.

Tool lui dédia un regard las.

— Tu n'es pas idiot. Réfléchis un peu.

Ce n'était pas compliqué.

— Les quais, dit Nailer. Sur les quais, on pourra à la fois se faire de l'argent et garder un œil sur qui y circule.

Tool grogna et se détourna. Nailer prit cela pour un accord.

# Chapitre 18

Trouver du travail ne fut pas difficile. En trouver qui rapportait autant que le ferraillage se révéla impossible. Seul Tool avait accès à un boulot vraiment rémunérateur. Sans clan, sans contact dans un syndicat ou dans une famille, Nailer et Nita étaient condamnés aux petits boulots : passer des messages, transporter de petits paquets, mendier. Dans une allée, un homme offrit d'acheter leur sang, mais ses mains et ses aiguilles étaient sales et ses yeux disaient qu'il voulait moissonner bien plus que leurs veines. Ils s'enfuirent et furent soulagés qu'il ne les suive pas.

Une semaine passa, puis deux. Ils s'installèrent dans une routine misérable en surveillant les bateaux qui arrivaient, et connurent déception sur déception.

Nailer s'était attendu à ce que le dégoût de Nita pour les bidonvilles des Orleans persiste mais elle s'adapta vite, prêtant une attention féroce à tout ce que Nailer et Tool lui enseignaient. Elle se jeta dans le travail, gagnant sa part, et ne se plaignit ni de la nourriture, ni de l'endroit où ils dormaient. Elle était ce qu'elle était et elle faisait toujours des trucs bizarres de richarde, mais elle montrait une détermination au travail que Nailer ne pouvait que respecter.

Tôt, un matin, alors que, les coudes dans le sang, ils vidaient tous deux des anguilles noires pour un commerçant, il dit à voix haute ce qu'il pensait.

— T'es OK, Lucky Girl.

Nita vida une autre anguille et la laissa tomber dans le baquet entre eux.

— Ah ouais ?

Elle n'écoutait qu'à moitié sans cesser de travailler.

— Ouais. Tu bosses bien. (Nailer attrapa une nouvelle anguille dans un baquet et la lui tendit.) Si on était aux chantiers, je me porterais garant de toi pour que tu intègres une équipe de légers.

Nita prit l'anguille et s'immobilisa, surprise. L'anguille s'enroula autour de son poignet.

Nailer poursuivit :

— Je veux dire : t'es une richarde mais, si t'avais besoin d'un boulot, je t'aiderais.

Elle eut un sourire aussi large que l'océan. Nailer sentit sa poitrine se contracter. C'était foutrement taré, mais il commençait à bien l'aimer. Il se détourna, pêcha une autre anguille et l'ouvrit en deux.

— Bon, je dis seulement que tu fais du bon boulot, se justifia-t-il.

Se sentant rougir, il ne releva pas la tête.

— Merci, Nailer, dit Nita d'une voix douce.

— Ouais. C'est rien. Finissons-en avec ces anguilles pour aller aux quais. Je ne veux pas rater les premières enchères de travail.

Nita leur avait donné des noms à mémoriser. Pour que Nailer puisse se souvenir du motif des lettres qui les composaient, elle les avait écrits dans la boue. Elle avait aussi dépeint le drapeau de sa compagnie pour s'assurer qu'ils ne ratent pas le moindre candidat.

Aucune de ses explications n'eut vraiment d'importance.

Nailer apportait un message du Ladee Bar pour le premier officier du *Gossamer*, un trimaran aux ailes fixes avec un canon de Buckell impressionnant sur la poupe, quand leur aventure prit un mauvais tournant.

Le message était dans une enveloppe scellée à la cire avec une empreinte de pouce et Nailer avait un bon pour le paiement à réception, si le capitaine acceptait de le signer. Alors qu'il courait sur le quai flottant vers les eaux profondes, il pensait déjà aux désagréments de devoir retraverser avec un bras en l'air. S'il mouillait la lettre, le capitaine ne lui donnerait sûrement aucun pourboire.

Richard Lopez surgit comme un fantôme.

Nailer se figea. La tête nue et pâle de son père dépassait de la foule d'ouvriers. C'était une apparition de très mauvais augure. Les yeux de Lopez fouillaient partout. L'esprit de Nailer lui hurla de s'enfuir, mais il était terrorisé et incapable de bouger.

Deux mi-bêtes, la peau sombre et tachetée, accompagnaient son père. Ils dominaient tout le monde et leur stature impressionnante ouvrait la foule en deux. Leurs regards canins, dépourvus d'expression, fixaient les gens avec mépris, leurs nez retroussés reniflaient les odeurs, ils étaient en chasse. Avec la compagnie de Tool, Nailer avait oublié à quel point un mi-bête pouvait être effrayant mais, en voyant ces deux-là, sa peur revenait au galop.

*Bouge bouge bouge bouge BOUGE !*

Nailer se baissa, se cacha derrière les ouvriers et se dirigea vers le bord du quai flottant. Il se laissa tomber dans l'eau, sans se soucier de la lettre, se coula dans les vagues et nagea sous le ponton. En rejetant la tête en arrière, le nez entre la mer et les planches, il avait juste assez de place pour respirer.

Le ponton oscillait en gémissant sous le poids des travailleurs. Quand il jeta un œil entre les planches, l'eau sale et huileuse lécha ses joues. Il retint son souffle et essaya de repérer son père.

Comment celui-ci avait-il su où chercher ?

Le trio réapparut. Tous étaient bien habillés. Même son père portait de nouveaux vêtements, sans taches ni déchirures. Rien à voir avec des fringues de ferrailleur, c'était des sapes de riche. Les mi-bêtes portaient des pistolets dans des harnais passés aux épaules et des fouets enroulés à la ceinture. Ils s'immobilisèrent au-dessus de Nailer et détaillèrent la foule de coolies tirant le fret.

Au passage d'un bateau, des vagues visqueuses recouvrirent le crâne de Nailer. Elles le collèrent contre les planches, juste sous les chaussures de son père. Son visage frotta contre le bois, il retint sa respiration et se laissa couler en silence, pour mieux remonter et flotter sous le quai. Des échardes blessaient ses lèvres et de l'eau s'infiltrait dans ses narines. Il lutta pour ne pas cracher ni tousser. S'il se faisait remarquer, il était mort. Il plongea la tête pour se moucher puis refit surface le plus discrètement possible. Il inspira prudemment.

Les trois chasseurs se tenaient toujours au-dessus de lui et scrutaient les environs. Nailer se demanda s'ils avaient seulement deviné qu'ils se rendraient aux Orleans ou s'ils avaient torturé Pima et Sadna pour le découvrir. Impuissant, il réprima cette pensée et se concentra sur la résolution de son propre problème.

Les mi-bêtes détaillaient les travailleurs avec un détachement qui ressemblait tellement à celui de Tool qu'ils auraient pu être frères. Nailer posa les mains contre les planches, de nouvelles vagues menaçaient de le plaquer contre le bois. Il espérait que les chasseurs diraient quelque chose mais, s'ils ouvrirent la bouche, le bruit des vagues et l'activité sur le pont flottant noyèrent leurs paroles. Il pria pour que Lucky Girl soit maligne et sur ses gardes. Tool aussi. Seule la chance avait permis à Nailer d'apercevoir son père et de se cacher à temps. Il en tremblait.

Lopez et les mi-bêtes s'éloignèrent sans cesser de fouiller la foule du regard. Ils devaient chercher Lucky Girl. Nailer les suivit sous le pont flottant. Le trio forçait l'allure, il faillit le perdre deux fois. Nailer nageait d'ailleurs si vite qu'il faillit se montrer quand son père monta dans un canot. Nailer se laissa glisser sous l'eau et s'éloigna silencieusement pour refaire surface dans l'ombre.

Quand il sortit la tête de l'eau, son père était en train de parler.

— ... Voyez si les autres équipes ont eu plus de chance que nous, puis prévenez le bateau.

Les mi-bêtes hochèrent la tête et détachèrent les amarres du canot qui s'éloigna du quai. Nailer s'assura qu'ils s'en allaient en se demandant s'il serait un jour débarrassé de son père. Il pouvait fuir aussi loin qu'il voulait, Lopez serait toujours là. Nailer rejoignit les bouées à la nage. Il ignorait où se trouvait Tool mais Lucky Girl était censée faire la vaisselle pour une baraque à poisson sur le rivage. Si Lopez l'apercevait, tout serait fini. Tool allait devoir se débrouiller.

Quand il rejoignit Nita, elle était tout excitée. Elle sortit ses mains de l'eau brune dans laquelle elle lavait les pots et désigna un bateau qui venait d'arriver dans le port.

— Celui-là ! Le *Dauntless*. C'est un des clippers que je cherchais.

Nailer se tourna vers le bateau.

— Je ne crois pas, la refroidit-il. Mon père est ici. Il a des brutes avec lui. Des mi-bêtes. Je crois qu'il est en cheville avec ton oncle, Pyce. (Il l'entraîna hors de la boutique.) On doit se cacher. Disparaître un moment.

Il examina la foule à la recherche de son père et ne le vit pas, mais cela ne voulait pas dire qu'il n'était pas là, ou qu'il n'avait pas un sbire dans les environs. Lopez était rusé. D'une manière ou d'une autre, il resurgissait toujours.

— Non ! (Nita écarta la main de Nailer de son bras.) Je dois monter sur ce bateau ! C'est mon billet de sortie. Tout ce qu'on doit faire c'est grimper à bord.

— Je doute que ce soit le bon clipper. Mon père parlait justement d'un bateau. C'est une drôle de coïncidence que ton bateau et celui de mon père arrivent au même moment. (Il la tira.) Il faut se planquer. Mon père donnait l'impression d'avoir d'autres gens avec lui et ils vont finir par nous trouver.

— Tu veux que je laisse le *Dauntless* repartir ? demanda-t-elle, incrédule.

Nailer la fixa du regard.

— Pourquoi tu m'écoutes pas ? Mon père est ici avec des mi-bêtes. Habillés comme des rupins, tous autant qu'ils sont. Et il parlait d'un bateau. (Il désigna le clipper du menton.) Probablement celui-ci.

— Pas le *Dauntless*. Son capitaine est Sung Kim Kai. Elle est un des meilleurs capitaines de mon père. Totalement loyale.

— Peut-être qu'elle ne l'est plus. Tu sais pas ce qui s'est passé depuis que tu t'es enfuie. Peut-être que c'est quelqu'un d'autre qui commande le clipper.

— Impensable.

— Ne sois pas idiote. Tu sais que j'ai raison. Mon père et le *Dauntless* qui apparaissent le même jour ? Il n'y a pas trente-six explications.

— Ce n'était pas le *Dauntless* qui me poursuivait, s'obstina-t-elle. C'était le *Pole Star*. J'ai confiance dans le capitaine Sung.

Nailer hésita.

— On va vérifier, se rendit-il. Mais on ne va pas se montrer et se faire attraper comme deux écrevisses dans une casserole. C'est une trop grosse coïncidence pour ne pas être un piège et plus rien n'aura d'importance s'ils nous attrapent. Donc là, tout de suite, il faut se mettre à l'abri. Je ressortirai ce soir pour vérifier.

— Et si le bateau s'en va avant ? insista-t-elle.

— Alors il sera reparti, s'échauffa Nailer. Il vaut mieux ne pas se faire prendre que de se jeter dans la gueule du loup. Tu as peut-être envie de te faire attraper, pas moi. Je sais ce que mon père fera s'il me met la main dessus et je ne prendrai pas le risque. Il y aura d'autres bateaux mais t'auras pas de seconde chance si on se plante aujourd'hui.

— Il y a pire que l'espoir, Nailer !

— Ouais. Et se faire prendre par mon père est tout en haut de ma liste. C'est quoi sur la tienne ?

Nita lui décocha un regard mauvais mais il voyait bien qu'elle avait compris. Elle avait perdu cette excitation fiévreuse.

— D'accord, dit-elle. Tirons-nous d'ici.

Elle rapporta sa bassine à la poissonnerie et revint une minute plus tard.

— Ils refusent de me payer si je ne reste pas jusqu'au dîner.

— Ça n'a pas d'importance. (Nailer avait du mal à contenir sa peur et sa frustration.) Il faut qu'on se planque.

Ils passèrent à toute vitesse sur le pont flottant puis se glissèrent dans l'eau saumâtre et pataugèrent péniblement jusqu'à l'un des vieux hôtels particuliers du quartier. Le rez-de-chaussée était entièrement inondé et la maison était en train de s'effondrer, mais les étages supérieurs étaient pleins de squatteurs. Tool avait convaincu le gang qui s'en occupait de leur laisser une pièce pour dormir. Il avait choisi celle dont une fenêtre donnait sur le quai. C'était un squat décent et, avec Tool pour les protéger, personne ne les dérangeait. Lucky Girl était suffisamment contente d'avoir un endroit où dormir pour ne pas se plaindre des serpents, des cafards et des nids des pigeons qui partageaient l'espace avec eux.

Ils grimpèrent l'escalier branlant, enjambant prudemment les marches manquantes ou pourries et se frayèrent un chemin entre les trous dans le plancher jusqu'à leur chambre. Un sommier à ressorts rouillé, sans matelas, dans un coin, occupait seul la pièce.

Nita regarda le bateau par la fenêtre. Elle ressemblait aux gosses qui attendaient devant chez Chen en espérant qu'on leur laisse des restes. Désespérée et affamée de quelque chose qu'elle n'était pas sûre de pouvoir atteindre.

Nailer s'approcha.

— Ce soir, quand il y aura moins de monde et si le bateau est encore là, on ira poser des questions. On pourra peut-être envoyer un message à ton capitaine, s'assurer que c'est vraiment celle que tu crois et décider de ce qu'on fera. Mais on vérifie tout, d'accord ? On ne se jette pas dans une mare avant d'être certain qu'il n'y a pas de python dans l'eau ! C'est pareil pour ce bateau, on ne monte pas à bord sans savoir comment en sortir si ça se passe mal.

Nita hocha la tête à contrecœur. Ils regardèrent le port sombrer dans l'obscurité. Les travailleurs rentraient chez eux, les étals de cuisine de rue ouvraient pour le dîner. On entendait de la musique sortir des bars, du zydeco et du blues marée haute. Les moustiques grouillaient.

Nailer étudiait la foule, content d'être dans le noir. Il avait un mauvais pressentiment : son père était toujours à sa recherche, il savait où il se trouvait et se préparait à attaquer. Il lutta contre sa peur.

— Tool est en retard, dit Nita.

— Ouais.

— Tu crois que ton père l'a eu ?

— Je ne sais pas. Je vais aller voir.

— Je viens avec toi.

— Non. (Nailer secoua vigoureusement la tête.) Tu restes ici.

— Certainement pas. Je suis aussi peu reconnaissable que toi. (Elle arrangea ses cheveux sur son visage comme un bouclier de queues de rat. Les jours passés dans les marais et l'eau des Orleans n'avaient pas été tendres avec ses mèches soyeuses.) Peut-être même moins.

Nailer devait admettre qu'elle avait raison. Elle ne ressemblait plus tellement à la richarde que Pima et lui avaient trouvée dans l'épave du clipper. Elle restait jolie, une des plus jolies filles qu'il ait jamais vues, mais elle était différente. Elle pouvait à présent se noyer dans la masse.

— Ok. D'accord. Comme tu veux.

Ils ressortirent, rejoignirent un endroit dans le marais, près du pont flottant principal, et s'accroupirent pour épier le trafic nocturne, à la recherche de Tool ou du père de Nailer et de ses mi-bêtes.

Nailer était glacé à l'idée que son père soit accompagné de brutes pareilles lui obéissant au doigt et à l'œil. Tool était terrifiant, mais il n'avait plus de Lopez pour le commander. Nailer jura, il se sentait coincé. Il n'avait pas envie de tester la loyauté du capitaine Sung sur le *Dauntless* et il n'aimait pas poireauter, presque visible, à se demander pourquoi Tool avait disparu.

Nita se tourna vers lui.

— T'arrive-t-il de regretter de ne pas avoir arraché l'or à mes doigts quand tu en avais la possibilité ?

Nailer hésita puis secoua la tête.

— Non. (Il sourit.) Pas ces derniers temps.

— Pas même maintenant ? Avec ton père à ta recherche ?

Nailer secoua à nouveau la tête.

— Regretter ne sert à rien. C'est fait. (Nita eut l'air blessée, il enchaîna très vite :) Ce n'est pas ce que je voulais dire. Tu n'es pas une erreur avec laquelle je dois vivre. Enfin, ça en fait partie. (À nouveau cet air blessé. Il avait du mal à s'expliquer parce qu'il ne savait pas vraiment ce qu'il voulait dire et cela empirait les choses.) Je t'aime bien. Je ne t'échangerais pas contre la tranquillité avec mon père. Pas plus que je n'échangerais Pima. Nous sommes dans la même équipe. (Il montra sa paume avec la cicatrice de leur serment de sang.) Je protège tes arrières.

— Tu protèges mes arrières. (Nita sourit.) Et tu te porterais garant si je voulais entrer chez les légers. Tu es décidément plein de compliments ces derniers temps ! (Ses yeux sombres le fixaient, intenses, sérieux.) Merci, Nailer. Pour tout. Je sais que si tu ne m'avais pas sauvée… (Elle s'interrompit un bref instant.) Pima s'en foutait. Elle ne voyait qu'une fille friquée. (Elle toucha sa joue.) Merci.

Dans ses yeux, il y avait quelque chose que Nailer n'avait encore jamais vu. Cela l'emplissait d'une étrange faim. Il se rendit compte que, s'il était audacieux…

Il se pencha. Leurs lèvres se touchèrent. Un très bref instant, elle s'abandonna contre lui, laissa ses lèvres se presser contre les siennes. Puis elle recula, troublée, et détourna les yeux. Le cœur de Nailer battait la chamade. Il l'entendait dans ses oreilles, rythmer la mesure de son excitation. Il chercha quelque chose à dire, quelque chose d'intelligent, quelque chose qui la ferait le regarder à nouveau, qui ferait revenir cette intimité fugitive. Mais les mots ne vinrent pas.

— Tool arrive, dit-elle sèchement. Il saura peut-être quelque chose pour le bateau.

Nailer se retourna et aperçut Tool dans la foule qui se dirigeait vers eux. Il ressentit un étrange mélange de soulagement et de frustration. Puis il vit autre chose : deux mi-bêtes se pressaient pour intercepter leur compagnon.

— Ce sont eux, annonça-t-il. Ceux qui sont avec mon père.

Nita inspira brusquement.

— Ils ont repéré Tool.

— Il faut le prévenir.

Nailer se redressa, Nita l'agrippa et le força à se baisser.

— Tu ne peux pas l'aider, murmura-t-elle.

Elle l'empêcha de crier en lui mettant la main sur la bouche.

— Non, chuchota-t-elle. Si tu l'alertes, nous allons tous nous faire prendre.

Son regard était déterminé. Nailer hocha la tête, lentement. Dès qu'elle retira sa main, il se releva et lui décocha un regard méprisant.

— Je n'aime pas ta froideur. Reste cachée si tu veux. Tool fait partie de notre équipe.

Avant qu'elle ne puisse l'arrêter à nouveau, il s'élança et traversa les broussailles jusqu'au pont flottant. Tool l'aperçut et lui fit signe.

— Attention ! hurla Nailer.

Tool se retourna pour découvrir que ses congénères convergeaient vers lui. Il y eut des grognements puis les mi-bêtes se jetèrent sur lui. Ils se déplaçaient si vite – beaucoup plus qu'un humain normal – que leurs mouvements paraissaient flous. Machettes à la main, les hommes-chiens de Lopez se jetèrent sur Tool en feulant. Tool repoussa le premier si violemment qu'il vola en arrière, mais la machette du second l'entailla. Le sang dessina dans l'air un arc liquide, sombre, que la lumière des lanternes rendit étincelant. Nailer chercha désespérément une arme, un gourdin, n'importe quoi…

Nita l'agrippa et le tira en arrière.

— Nailer ! Tu ne peux pas l'aider. Il faut nous enfuir avant de nous faire repérer.

Nailer résista.

— Mais…

La foule s'écarta des mi-bêtes. Les planches du pont flottant craquèrent et la façade pourrie d'un bâtiment s'effondra en soulevant beaucoup de poussière. Les témoins du combat hurlèrent et se bousculèrent pour s'éloigner. Nita tirait sur le bras de Nailer.

— Viens ! Tu ne peux pas survivre à un affrontement pareil ! Tu n'as jamais vu des mi-bêtes se battre ? Ils sont trop rapides et trop forts ! Tu ne serais d'aucune aide à Tool.

Le regard de Nailer fouillait l'endroit où Tool avait disparu dans les débris volants. Il entendit des grognements puis un cri perçant, bestial.

Il se retourna en se détestant et se mit à courir, tête baissée, porté par la foule.

Ils se réfugièrent au bord de l'eau, blottis l'un contre l'autre, et regardèrent les lumières au loin, cherchant d'autres sbires de Pyce. Les gens passaient, ignorant les deux gosses sur le rivage, semblables à tous ceux qui allaient et venaient avec la marée, telles les ordures.

— Je suis désolée, dit Nita. Je ne voulais pas l'abandonner non plus.

Nailer lui retourna un regard furieux.

— Il nous aidait.

— Il y a des combats que tu ne peux pas gagner. (Elle détourna les yeux.) Les mi-bêtes ne se battent pas comme nous. On dirait des ouragans. Nous aurions été tués ou attrapés et cela aurait compliqué les choses pour Tool.

— Et maintenant il est mort.

Elle resta silencieuse, lèvres serrées, le regard perdu dans l'obscurité et le reflet des torches et des LED sur l'eau. Des rames cliquetaient dans leurs tolets, le bourdonnement d'un remorqueur flottait jusqu'à eux.

Finalement, Nita reprit la parole :

— Il faut essayer de monter sur le *Dauntless*. C'est la seule solution.

Nailer ne voulait pas acquiescer, mais il ne voyait pas d'autre option. Sans Tool pour les protéger, ils n'étaient, dans cette ville, que de tout petits poissons prêts à se faire manger. Sans lui, ils ne pouvaient peut-être même pas retourner au squat. Néanmoins, l'arrivée simultanée du clipper et de son père le remplissait de malaise. Il devait y avoir un lien. À peine le bateau amarré, son père était apparu comme un spectre sur le quai flottant et seule la chance lui avait permis de lui échapper.

Et maintenant, le *Dauntless* attendait dans les vagues, les attirant comme un appât au bout d'une ligne.

Les ennemis de Lucky Girl grouillaient dans les Orleans, sûrs de tenir la bonne piste. Maintenant qu'ils avaient trouvé Tool, d'autres chasseurs surgiraient et Lopez se démultiplierait. Survivre dans les rues noyées des Orleans deviendrait impossible. Ils ne pourraient plus travailler, ils ne pourraient plus se montrer.

— Le capitaine Sung nous aidera à joindre mon père, insista Nita.

Nailer haussa les épaules.

— C'est ton enterrement.

— Le tien aussi.

Nailer promena son regard sur les Orleans. La cité morte, encore à moitié vive, comme un cadavre ranimé parce que les gens avaient besoin de commercer et que l'estuaire du Mississippi attirait des barges pleines de nourriture et d'objets manufacturés des villes du Nord. Plus haut sur le fleuve, il devait exister de nombreux endroits où se cacher. Nita et lui n'étaient que des morceaux de bois flotté. Si seulement ils pouvaient naviguer…

— On pourrait remonter le fleuve, suggéra-t-il.

— Pas avant de savoir pour le *Dauntless*. Avec ou sans toi, je vais monter à bord.

Nailer soupira.

— Très bien. Mais c'est moi qui vais le faire, seul. (Il leva la main pour l'empêcher de protester.) Si ton capitaine est là, je la trouverai. Si ça se passe bien, on viendra te chercher.

— Ils ne te connaissent pas.

— C'est toi que tout le monde recherche. Ils ne me pourchasseront pas, sauf pour t'atteindre. Je peux jeter un coup d'œil. Toi, on te reconnaîtrait en une seconde.

— Et ton père ?

Nailer laissa échapper un soupir d'exaspération.

— Si tu crains qu'il soit sur le clipper, pourquoi vouloir monter dessus ? Puisque tu ne m'écoutes pas, je vais y aller moi. Je sais comment ne pas me faire remarquer et ce sera plus facile si j'agis seul. (Il grimaça.) Retourne au squat. Je t'y retrouverai quand je saurai ce qui se passe.

Sans attendre de réponse, il se glissa dans l'eau noire et nagea vers les quais flottants, loin des passages balisés. Ainsi, il pouvait approcher sans se faire remarquer.

L'eau était fraîche et l'obscurité presque totale. Il se rapprocha du clipper. Il avait tant rêvé de ces bateaux magnifiques, de voyager sur leur pont… et il était contraint de se cacher pour monter à bord.

Les seules choses qui lui avaient jamais semblé belles étaient les clippers, avec leur coque de fibre carbone, leurs voiles rapides et leurs hydrofoils qui creusaient l'eau comme des lames en traversant les océans et le pôle. Il se demandait à quel point il faisait froid dans le Nord. Il avait vu des photos de bateaux givrés fendant la nuit polaire sur le chemin de l'autre bout du monde. Les distances étaient immenses et pourtant ils les franchissaient, rapides, luisants, inégalés.

Les bras douloureux, il atteignit le *Dauntless* en quinze minutes. Il se glissa sous le quai, se laissa flotter et écouta. Des conversations. On échangeait des blagues, on parlait de permissions, on se plaignait des prix des fournitures et des escrocs du coin. Nailer se laissa bercer par les vagues.

Une paire de mi-bêtes gardait la passerelle, deux autres se tenaient l'un à la proue, l'autre à la poupe. Nailer frissonna. On disait qu'ils voyaient dans le noir et Tool n'avait en effet jamais semblé mal à l'aise dans l'obscurité. Cette évocation tétanisa

Nailer. Les mi-bêtes allaient le voir, le ramener à son père et celui-ci le couperait en deux…

Nailer s'éloigna sous le pont, un peu, et tendit l'oreille. Plusieurs fois, quelqu'un se référa au capitaine, mais personne ne prononça son nom. Ce capitaine voulait faire vite. Ce capitaine voulait suivre le plan.

Nailer attendit, espérant entendre le nom du capitaine Sung. Les vagues le bousculaient. À rester immobile, il commençait à avoir froid. Même l'eau tiède des tropiques pompait sa chaleur corporelle. Le quai flottant et ses ancres oscillaient. Des pas résonnaient au-dessus de lui. Il entendit alors le crachotement d'un moteur, quelqu'un brûlait du biodiesel pour atteindre le bateau. Il entrevit des visages dans le noir. Des hommes et des femmes avec des cicatrices et des regards durs. Un marin se pressa pour accueillir l'embarcation.

— Capitaine, salua-t-il.

Quelqu'un se hissa sur le quai, se retourna.

— Il faut partir.

— Oui, Monsieur.

Le cœur de Nailer battait la chamade. Il ne s'agissait pas du capitaine Sung. C'était un homme, pas une femme. Et il n'avait rien de chinois. Lucky Girl avait tort. La donne n'était plus du tout la même. Nailer réprima sa déception. Ils allaient devoir trouver une autre solution.

Le capitaine se tenait quasiment au-dessus de Nailer. Il cracha dans l'eau à quelques centimètres de lui.

— Les hommes de Pyce sont partout, dit-il.

— Je n'ai vu aucun de ses clippers.

Le capitaine cracha à nouveau.

— Ils ont dû jeter l'ancre plus loin et utiliser des navettes.

— Que font-ils ici ?

— Rien de bien, j'imagine.

Nailer ferma les yeux. *L'ennemi de mon ennemi est mon ami.* Le capitaine et son lieutenant montaient la passerelle.

— On appareillera avec la marée, annonça le capitaine. Je ne veux pas devoir leur parler.

— Mais... le reste de l'équipage ?

— Envoie-les chercher. Et presse-toi. Nous levons l'ancre avant l'aube.

Le lieutenant salua et s'éloigna. Nailer inspira profondément. C'était un risque mais il n'avait pas le choix. Il émergea de sous le quai.

— Capitaine ! appela-t-il.

Le capitaine et son lieutenant sursautèrent. Ils tirèrent leurs pistolets.

— Qui va là ?

— Ne tirez pas, cria Nailer. Je suis ici.

— Qu'est-ce que tu fous dans l'eau ?

Nailer se rapprocha en deux brasses et sourit.

— Je me cache.

— Grimpe. (Le capitaine était méfiant.) Je veux voir ton visage.

Nailer sortit de l'eau et pria de ne pas s'être trompé. Il s'accroupit, haletant.

— Rat des docks, dit le lieutenant avec dégoût.

— Rupin ! lui retourna Nailer. (Il fit une grimace puis se tourna vers le capitaine.) J'ai un message pour vous.

Le capitaine ne baissa pas son arme.

— Je t'écoute.

Nailer désigna le lieutenant.

— Il s'adresse uniquement à vous.

Le capitaine fronça les sourcils.

— Si tu as quelque chose à dire, dis-le. (Il ordonna :) Knot ! Vine ! Rejetez ce rat à l'eau.

Deux mi-bêtes se précipitèrent. Ébahi par leur vitesse de déplacement, Nailer se retrouva enserré avant même d'avoir songé à s'enfuir.

— Attendez, cria-t-il. (Il se tortilla dans l'étreinte des mi-bêtes.) J'ai un message pour vous... de la part de Nita Chaudhury !

Un hoquet soudain. Le capitaine et son lieutenant échangèrent un regard.

— Quoi ? demanda le lieutenant. Qu'est-ce que tu as dit ? (Il se précipita vers Nailer et répéta :) Qu'est-ce que tu as dit ?

Nailer hésita. Pouvait-il lui faire confiance ? Pouvait-il *leur* faire confiance ? Il y avait tant de choses qu'il ignorait ! Le pari était risqué. Soit il avait de la chance, soit il était piégé.

— Nita Chaudhury. Elle est ici.

Le capitaine s'approcha, le visage fermé.

— Ne mens pas, mon garçon. (Il prit le visage de Nailer dans sa main.) Qui t'a envoyé ? Qui se terre derrière tes mensonges ?

— Personne !

— Conneries ! (Le capitaine s'adressa aux mi-bêtes.) Fouettez-le jusqu'au sang. Je veux des réponses. Je veux savoir qui l'a envoyé.

— Nita m'a envoyée, hurla Nailer. C'est vrai, espèce de connard ! Je lui ai dit qu'on devait s'enfuir, mais elle affirmait qu'on pouvait vous faire confiance.

Le capitaine se tendit.

— Miss Nita est morte depuis plus d'un mois, noyée. Le clan est en deuil.

— Non. (Nailer secoua la tête.) Elle est ici, dans les Orleans, et elle se cache. Elle essaie de rentrer chez elle mais Pyce est à sa poursuite.

Le lieutenant eut un sourire grimaçant.

— Seigneur ! Regardez donc ce que le Destin nous a apporté !

Le capitaine ne lâchait pas Nailer du regard.

— Tu es là pour me harceler ? demanda-t-il. C'est ça ? Tu es là pour me tourmenter comme ils l'ont fait avec Kim ?

— Je ne connais pas Kim.

Le capitaine l'attrapa au col.

— Je t'étranglerai avec tes tripes avant de sombrer comme elle. (Il se retourna.) Fouettez-le. Découvrez qui l'a envoyé. Si la fille est dans le coin, nous nous mettrons en chasse.

Le lieutenant hocha la tête et se tourna. Le capitaine leva son arme et lui tira dans le dos. Le coup de feu retentissait encore quand le lieutenant s'écrasa sur les planches. Le canon du pistolet fumait.

Les yeux écarquillés, Nailer fixait le mort.

— Lâchez le garçon, ordonna le capitaine aux mi-bêtes.

Nailer retrouva l'usage de sa voix.

— Pourquoi avez-vous fait ça ?

— C'était un espion, dit simplement le capitaine avant de s'adresser à nouveau aux mi-bêtes. Jetez le cadavre aux poissons, accompagnez le garçon et revenez avant la marée.

— Et le reste de l'équipage ?

Le capitaine grimaça.

— Prévenez discrètement Wu, Trimble, Cat et l'aspirant Reynolds. Personne d'autre, compris ? (Il étudia Nailer.) J'espère que tu ne mens pas, mon garçon. Je n'ai aucune envie de devenir pirate.

— Je ne mens pas.

Immenses et effrayants, Knot et Vine le guidèrent vers la chaloupe. Le canot s'éloigna lentement du quai en direction des rues submergées des Orleans.

— Où allons-nous ? s'inquiéta Nailer. Nita se cache près du rivage. Nous n'avons pas besoin d'entrer dans la ville engloutie.

— D'abord nos hommes, puis elle, gronda Knot.

Vine approuva :

— Elle aura besoin de protection. Il vaut mieux ne pas la sortir de sa planque avant qu'on soit prêts à s'échapper.

— Échapper à quoi ?

Vine sourit, dévoilant ses crocs.

— Au reste de notre loyal équipage.

# Chapitre 19

Knot et Vine étaient rapides et efficaces. De bar en bar, ils rassemblèrent silencieusement l'équipage. Aucun mi-bête. Wu, grand et blond, à qui il manquait des doigts. Trimble, musculeux, des avant-bras comme des jambons et le tatouage d'une sirène sur un biceps. Cat, aux yeux verts et au regard franc. Reynolds, une longue tresse dans le dos, petite et trapue, un pistolet à la ceinture.

Reynolds, que Knot et Vine avaient trouvée en premier, prit le commandement. Partout, elle n'eut qu'un mot à prononcer : « Nita », et les ivrognes dessoûlaient ou laissaient tomber leur pute pour les rejoindre. Ils formèrent très vite un groupe, rapide, tout de muscles et d'acier, fendant la foule de marins et de marchands de la ville engloutie.

Leur efficacité était étonnante. Toute une équipe mobilisée à la seule invocation de Lucky Girl. L'importance qu'ils lui accordaient était stupéfiante. Pour Nailer, Nita n'était qu'une friquée qui pouvait se payer des brutes à l'envi, mais cette tribu armée et déterminée révélait bien autre chose. Une loyauté totale. Plus forte que celles d'une équipe de ferrailleurs.

Reynolds les organisait, donnait des directives.

— Quelqu'un a aperçu Kaliki ou Michene ? (Tous répondirent négativement. Elle sourit.) Bien.

Gardez les yeux ouverts, méfiez-vous de tous ceux que vous avez croisés sur un autre bateau de la compagnie. Les laquais de Pyce sont dans le coin et ils sont en chasse. (Elle se tourna vers Nailer.) Où est-elle ?

Nailer désigna l'hôtel particulier dont les fondations baignaient dans l'eau.

— Là-haut. Dans la pièce où les arbres crèvent le toit.

Reynolds fit signe à Vine et à Knot.

— Allez la chercher. (Puis, à Wu :) Amenez la chaloupe.

— Je ferais mieux de les accompagner, intervint Nailer. Nous avons vu les mi-bêtes de Pyce à sa recherche. Elle va penser que Vine et Knot le sont aussi.

Reynolds hésita. Cat haussa les épaules.

— Le capitaine Candless lui fait confiance, non ?

— D'accord, laissa tomber Reynolds.

Nailer dut courir pour rattraper Knot et Vine. Il les dépassa pour les guider.

Après avoir pataugé au rez-de-chaussée, ils montèrent l'escalier pourri qui gémit sous leur poids. La bâtisse en ruine était étrangement silencieuse. Il n'y avait personne. Aucun des autres squatteurs, aucun des travailleurs ou des ferrailleurs, alors que l'hôtel aurait dû vibrer du ronflement des coolies épuisés. La chambre était vide.

Ils redescendirent l'escalier.

— Je ne comprends pas, dit Nailer. Elle…

Il y eut un mouvement dans l'eau, provoquant des vaguelettes. Knot et Vine grondèrent.

— Lucky Girl ? appela doucement Nailer. Nita ?

Effondrée contre un mur pourrissant, de l'eau jusqu'à la taille, une silhouette couverte de muscles haletait dans le noir. Un œil jaune s'ouvrit, brillant comme une lanterne dans l'obscurité.

— Ton père l'a attrapée, grogna la silhouette.

— Tool !

Nailer se précipita vers le mi-bête.

Du sang tachait son museau et coulait sur sa poitrine entaillée par des coups de machette. Ses joues étaient lacérées et son œil fermé gonflé. Mais c'était bien Tool.

De retour sur le *Dauntless*, un groupe de marins démoralisés entourait Nailer et Tool tandis que ce dernier racontait ce qui s'était passé.

— Et tu ne t'es pas battu pour elle ? (Le capitaine Candless dévisageait Tool avec incrédulité.) Alors même que ton maître souhaitait que tu la protèges ?

— Le garçon n'est pas mon maître, gronda Tool.

Il essuyait le sang qui coulait encore de la coupure au-dessus de son œil au beurre noir.

Le capitaine fronça les sourcils et s'appuya contre le bastingage. L'aube illuminait les docks et les structures lointaines des Orleans.

— Ils ont dit qu'ils l'emmenaient sur un bateau ? Tu es sûr ?

— Oui. (Tool se tourna vers Nailer.) Ton père était déçu que tu ne sois pas avec elle. Il veut retarder le départ du bateau jusqu'à ce qu'il te trouve. Ce type a des projets pour toi, Nailer.

— Et tu t'es contenté de rester assis pendant qu'ils discutaient ? renifla le cadet Reynolds.

Tool cligna lentement de l'œil.

— Richard Lopez et plusieurs mi-bêtes, tous armés. Je ne me jette pas dans un combat que je ne peux gagner.

Knot et Vine retroussèrent les babines et grondèrent leur mépris. Tool les toisa.

— La fille est votre maître, pas le mien. Si ça vous chante de crever pour vos propriétaires, c'est votre problème.

Un frisson remonta la colonne de Nailer. C'était un défi, et Knot et Vine ne s'y trompaient pas. Ils grognèrent plus agressivement et s'avancèrent.

— Knot, Vine ! s'interposa le capitaine. Descendez. Je m'occupe de ça.

Les grognements cessèrent aussitôt. Knot et Vine étaient toujours furieux, mais ils s'exécutèrent et franchirent une écoutille pour quitter le pont. Le capitaine se tourna vers Tool.

— Ont-ils nommé le bateau ?

Tool secoua son énorme tête.

Le cadet Reynolds fit une moue pensive.

— Plusieurs bateaux pourraient être dans le coin. Le *Seven Sisters*, qui transporte des passagers sur le trajet nord-sud. Le *Ray*, qui sert de charter. Le *Mother Ganga*, qui convoie de l'acier de récupération vers Cancún. (Elle haussa les épaules.) Aucun autre avant la saison des moissons, quand le grain descend le Mississippi.

— Le *Ray* dans ce cas, dit le capitaine. Mr. Marn s'est rangé bien vite du côté de Pyce quand le père de Nita a été écarté.

Nailer fronça les sourcils. Quelque chose le dérangeait.

— Il y a d'autres noms sur votre liste ?

— Aucun avec un équipage de mi-bêtes.

Nailer se mordilla la lèvre, fouillant sa mémoire.

— Il y avait un bateau. Un autre. En tout cas avec un autre nom, qui poursuivait Lucky Girl avant la tempête. C'était un grand clipper. Conçu pour le Nord… Le *North Run* peut-être ?

Reynolds et le capitaine le regardèrent, perplexes.

Nailer fronça les sourcils, frustré. Il n'arrivait pas à se souvenir du nom. *North Run ? North Pole Run ?* Il tenta :

— *North Pole* ?

— *Pole Star* ? proposa le capitaine soudain intéressé.

Nailer hocha doucement la tête.

— Peut-être.

Reynolds et le capitaine échangèrent un regard.

— Un sale nom, marmonna Reynolds.

Le capitaine plissa les yeux.

— Tu es sûr ? Le *Pole Star* ?

— Je me souviens juste que c'était un bateau qui traverse le pôle, dit Nailer.

Le capitaine grimaça.

— Espérons que tu te trompes.

— Ça change quelque chose ?

— Rien qui te concerne. (Le capitaine se tourna vers Reynolds.) Même s'il s'agit du *Pole Star*, ils ne savent pas que nous sommes leurs ennemis. Aucun de vous n'a rien fait pour s'identifier à terre.

— Sauf vous, observa sèchement Reynolds.

— Feu le lieutenant ne peut plus se plaindre. (Le capitaine s'interrompit un instant.) On peut les avoir. En trichant un peu et en jouant sur leur confiance, c'est possible. Un brin de filouterie et l'aide du Destin…

— Et une offrande de sang, marmonna quelqu'un.

Le capitaine sourit.

— Y a-t-il quelqu'un de fiable sur le *Ray* ou sur le *Pole Star* ?

Tous secouèrent dubitativement la tête.

— Ils mélangent les équipages, dit Reynolds. Je crois que Leo et Fritz ont été mutés sur le *Ray*.

— Et tu leur fais confiance ?

Reynolds sourit, montrant ses dents noires de bétel.

— À peu près autant que j'ai confiance en vous.

— Quelqu'un d'autre ?

— Li Yan ?

Cat secoua la tête.

— Non, si elle y est, c'est qu'elle a trahi.

Nailer ne comprenait rien. Le capitaine se tourna vers lui.

— Mon garçon, tu te retrouves au milieu d'une sale guerre. On a un petit problème de loyauté dans le clan en ce moment.

— Rook, s'exclama soudain Trimble. Rook resterait loyal.

— Il est sur le *Pole Star* ?

— Oui.

— C'est tout ? (Aucune réaction, le capitaine hocha la tête.) D'accord. Nous cherchons les laquais de Pyce, nous prenons le bateau de ces traîtres, nous libérons Miss Nita et nous virons les usurpateurs de la compagnie. (Il fit signe à son équipage.) Tous à vos postes, ça commence maintenant. Reynolds, tu es promue lieutenant, maintenant que ce *pauvre* Henry a bu la tasse.

Reynolds sourit.

— Je faisais son boulot de toute façon.

— Je ne me serais pas débarrassé de lui si je ne le savais pas.

L'équipage se dispersa, chacun rejoignit son poste pour détacher les amarres et lever l'ancre.

Tool se redressa péniblement.

— Attendez, dit-il. Je ne viens pas avec vous.

Nailer se tourna vers lui, surpris.

— Tu t'en vas ?

— Mourir en mer ne fait pas partie de mes projets. (Les dents pointues du mi-bête apparurent un instant dans un sourire féroce.) Si tu es intelligent, tu te joindras à moi, Nailer. Éloigne-toi de tout ça.

Le capitaine l'interrogea, curieux :

— Si ce n'est pas le garçon ni Miss Nita, qui est ton maître alors ?

— Je n'ai pas de maître, répondit Tool sereinement.

Le capitaine éclata de rire.

— Impossible.

— Croyez ce que vous voulez.

Le mi-bête tituba vers la passerelle et le quai.

Nailer lui courut après.

— Attends ! Pourquoi tu ne viens pas avec nous ?

Tool s'arrêta. Il observa l'équipage puis tourna son regard vers Nailer.

— J'ai promis à Sadna de te protéger. Mais je ne le ferai pas contre ta propre stupidité. Puisque tu choisis de risquer ta vie en mer, cela ne me concerne plus. Tu as une nouvelle équipe, je crois. Et j'ai payé ma dette à Sadna.

— Et Lucky Girl ?

Tool regardait Nailer dans les yeux.

— C'est une personne comme les autres. Ses gens pensent qu'elle a une valeur infinie, mais ce n'est que quelqu'un qui va mourir, maintenant ou plus tard. (Il désigna l'agitation sur le bateau.) Pars avec moi ou reste et risque ta vie avec ceux-là. C'est ton choix. Mais tu dois savoir que ce sont des fanatiques. Ils sont prêts à mourir pour leur Miss Nita. Si tu les suis, assure-toi que tu es prêt à faire de même.

Nailer hésita. Avec Tool, il serait en sécurité. Ils pourraient voyager n'importe où.

Le visage de Nita s'insinua dans ses pensées. Son air suffisant quand elle s'était moquée de lui parce qu'il ne mangeait pas avec des couverts. Son inquiétude et son insistance pour qu'il accède à des médicaments pour soigner son épaule quand il n'était encore qu'un ferrailleur à ses yeux. Et, finalement, son regard quand ils se cachaient près du pont flottant, sa main sur sa joue…

— Je pars avec eux, annonça-t-il fermement.

Tool l'étudia.

— Bien. Tu mords comme un mastiff et tu ne lâches jamais. Comme ton père. (Nailer allait répliquer, Tool lui fit signe de se taire.) Ne lutte pas contre l'évidence. Lopez ne laisse rien se mettre en travers de sa route, lui non plus. (Il montra à nouveau les dents.) Prends garde de ne pas mordre dans un truc trop grand pour toi, Nailer. J'ai vu des chiens de chasse coincer un grand dragon de Komodo, ils sont morts en meute faute d'être assez intelligents pour reculer. Ton père est pire qu'un dragon. S'il t'attrape, il te massacrera. Et ce bateau marchand n'est pas un vaisseau de guerre, quoi qu'en pense son capitaine.

Nailer voulait dire quelque chose de courageux mais quelque chose dans les yeux de Tool l'arrêta.

— Je comprends. Je serai prudent.

Tool hocha vivement la tête et se retourna. Mais il s'immobilisa à nouveau, s'accroupit et tendit sa grande main vers le garçon. Son œil valide fixait Nailer, son souffle avait la puanteur du combat et du sang.

— Écoute-moi, mon garçon. Les scientifiques m'ont créé à partir de gènes de chien, de tigre, d'homme et de hyène, mais les gens croient seulement que je suis leur chien. (Son regard se posa brièvement sur le capitaine, il sourit.) Quand sonnera l'heure du combat, ne lutte pas contre ta nature de tueur. Tu n'es pas plus Richard Lopez que je ne suis un chien obéissant. Le sang ne dicte pas le destin, quoi qu'on en dise. (Il se redressa.) Bonne chance, mon garçon. Et bonne chasse.

Le capitaine regarda le mi-bête boiter en descendant la passerelle.

— Une bien étrange créature.

Nailer ne répondit pas. Les ancres remontaient. La passerelle glissa dans son compartiment. Tool disparaissait déjà sur le quai. Nailer se sentit soudain seul. Il regarda l'équipage s'affairer à des activités qu'il ne comprenait pas. Tous faisaient partie d'une équipe, se connaissaient et travaillaient avec les autres. Il se sentit terriblement déplacé.

Les voiles pâles se déployèrent, ondulèrent dans la bise. La bôme balaya le pont, les marins se baissèrent pour l'éviter. Les voiles se gonflèrent, le bateau donna légèrement de la bande. Poussé par les vents de l'aube, il se mit en mouvement.

Le capitaine appela Nailer :

— Suis-moi, mon garçon. Je veux en savoir un peu plus sur toi.

Nailer aurait préféré rester sur le pont, regarder l'agitation des marins et tenter d'apercevoir Tool sur le quai, mais il laissa le capitaine le guider dans l'escalier étroit qui descendait vers l'intérieur exigu du bateau.

Le capitaine ouvrit la porte de sa propre cabine. Une petite couchette occupait l'essentiel de l'espace. Un hublot donnait sur la poupe. À la lumière croissante du jour, le sillage du bateau formait de petites vagues blanches qui s'évasaient dans l'eau grise du matin. Le capitaine fit signe à Nailer de déplier un banc et libéra son propre siège. Cette fois la pièce était pleine.

— Dans un transport de marchandises, l'espace est compté, expliqua-t-il. Ce qui limite sérieusement le confort.

Nailer hocha la tête, même s'il ne comprenait pas de quoi parlait le capitaine. Le bateau était divin.

Tout était propre et ordonné. Personne ne dormait à plus de quatre par cabine. Les couchettes étaient impeccables. Chaque chose avait sa place. Ce n'était pas le clipper de Lucky Girl mais ça y ressemblait foutrement.

— Dis-moi, Nailer, d'où viens-tu ?

— Bright Sands Beach.

— Jamais entendu parler.

— C'est plus haut sur la côte, expliqua Nailer. À environ deux cents kilomètres, je crois.

— Mais il n'y a rien là-bas… (Le capitaine fronça les sourcils.) Tu es ferrailleur ? (Quand Nailer hocha la tête, son interlocuteur grimaça.) J'aurais dû le deviner en voyant tes côtes et tes tatouages de travail. (Il étudia la peau marquée du garçon.) Un sale boulot.

— Ça paie.

— Quel âge as-tu ? 14 ans ? 15 ? Tu es tellement maigre que c'est difficile à dire.

Nailer haussa les épaules.

— Pima a 16 ans et elle est plus vieille que moi.

Il écarta les mains, paumes vers le haut pour montrer son ignorance.

— Tu ne connais pas ton âge ?

Nailer haussa encore les épaules.

— Ça n'a pas vraiment d'importance. Soit t'es assez petit pour les légers, soit assez costaud pour les lourds, et, si tu es trop paresseux ou qu'on peut pas te faire confiance, t'es ni l'un ni l'autre parce que personne ne se portera garant pour toi. Non, je connais pas mon âge. Mais je faisais partie d'une équipe de légers et je remplissais le quota tous les jours. C'est ce qui est important là d'où je viens. L'âge, on s'en fout.

— Ne sois pas grincheux. Je suis simplement curieux.

Le capitaine semblait prêt à ajouter quelque chose, mais il préféra s'intéresser à Richard Lopez.

— Le mi-bête a bien dit que ton père était à ta recherche ?

— Ouais.

Nailer décrivit la plage, son père, la manière dont les choses se passaient sur les épaves. Il expliqua surtout comment son père traitait ceux qui s'opposaient à lui.

— Pourquoi ne l'as-tu pas laissé vendre Miss Nita ? demanda le capitaine. Ç'aurait été plus simple pour toi, et plus profitable. Pyce n'hésite jamais à s'acheter des loyautés. Tu serais riche et tranquille.

Nailer haussa une fois de plus les épaules.

Le visage du capitaine se durcit.

— Je veux une réponse. Tu t'es retourné contre ton propre sang. Tu as peut-être des regrets. Tu aimerais peut-être négocier une trêve avec ton père.

Nailer éclata de rire.

— Mon père ne laisse à personne le temps de regretter quoi que ce soit. Il frappe d'abord. Il parle souvent de famille et de l'importance de se soutenir, mais il veut uniquement que je lui rapporte du fric pour se défoncer, que je m'occupe de lui quand il est bourré… et pouvoir me tabasser quand cela lui chante. (Nailer grimaça.) Lucky Girl ressemble plus à une famille pour moi.

Dès que les mots eurent franchi ses lèvres, il sut qu'ils reflétaient la vérité. Ils avaient passé peu de temps ensemble, mais Nailer était sûr de Nita. Il pouvait compter les gens de confiance sur les doigts d'une main, et Pima et Sadna étaient tout en haut de la liste. Étonnamment, Lucky Girl en était aussi. Elle faisait partie de sa famille. Un sentiment de perte accablant l'étreignit, menaçant de l'avaler tout entier.

— Et maintenant tu veux te venger, dit le capitaine.

— Non, je veux juste… Ça n'a rien à voir avec mon père. C'est Lucky Girl. C'est quelqu'un de bien. Elle vaut cent fois certains de mon ancienne équipe. Et un millier de fois mon père. (Sa voix se brisa. Nailer inspira, tentant de se maîtriser puis leva les yeux sur le capitaine.) Je ne laisserais pas un chien mort à mon père, donc sûrement pas Lucky Girl. Je veux la sauver.

Le capitaine étudia Nailer. Le silence s'étira.

— Pauvre gosse, murmura finalement le capitaine.

— Moi ? (Nailer ne comprenait pas.) Pourquoi ?

Le capitaine eut un petit sourire.

— Tu sais que Miss Nita fait partie d'un des clans les plus puissants du Nord ?

— Et alors ?

— Euh. Rien. (Le capitaine soupira.) Je suis sûr que Miss Nita serait ravie de savoir qu'elle inspire autant de loyauté à un ferrailleur.

Nailer se sentit rougir. Le capitaine le faisait se sentir petit chien affamé accroché aux basques de Lucky Girl, espérant qu'elle lui lance ses restes. Il voulait changer l'image que l'homme avait de lui et faire en sorte qu'il le prenne au sérieux. Le capitaine ne voyait qu'un ferrailleur, tatoué de marques de travail et couvert de cicatrices. Un gosse dont on pouvait compter les côtes. Un rat des plages.

Nailer planta son regard dans celui du capitaine.

— Au début, Lucky Girl me regardait comme vous le faites. Plus maintenant. C'est seulement pour ça que je viens avec vous. Vous comprenez ?

Le capitaine eut la bonne grâce d'avoir l'air embarrassé. Il détourna les yeux et changea de sujet :

— Lucky Girl. Pourquoi ce surnom ?

— Le Destin est de son côté. Elle a traversé une tueuse de villes. Tout son équipage est mort, pas elle. On peut pas avoir plus de chance que ça.

— Et, chez toi, on accorde beaucoup de valeur à la chance.

— Chez moi ? Ouais, les ferrailleurs aiment l'œil de la chance, leur bonne étoile. On n'a pas grand-chose d'autre à quoi s'accrocher quand on bosse sur les épaves.

— L'habileté ? Le travail ?

Nailer éclata de rire.

— C'est pas mal. Mais ça ne mène pas loin. Regardez-vous. Vous avez un bateau de richard et une vie de rupin.

— J'ai travaillé très dur pour ce que j'ai.

— Vous êtes quand même né riche. La mère de Pima travaille mille fois plus dur que vous et elle n'aura jamais une vie comparable à la vôtre. (Il haussa les épaules.) Si ce n'est pas être né sous une bonne étoile, je ne sais pas ce que c'est.

Le capitaine faillit répondre mais il s'abstint et hocha la tête.

— J'imagine que même notre mauvaise fortune te semble bonne.

— À moins qu'elle nous tue, ouais, ça résume bien.

— Certes, mais je n'ai pas l'intention de mourir tout de suite.

— Personne n'en a envie.

Le capitaine sourit.

— J'ai hérité d'un véritable oracle ! (Il se leva.) Il faudra que je te demande de lancer les os pour moi un jour. En attendant, je peux prédire tout seul que tu peux rester à bord. (Il détailla Nailer des pieds à la tête.) Il va falloir te nettoyer, te trouver des vêtements et t'offrir un vrai repas. (Il poussa Nailer vers la porte puis dans la coursive.) Après, on fera en sorte que tu saches te servir d'un pistolet.

Nailer tenta de cacher son enthousiasme.

— Ah ouais ?

— Ton mi-bête, Tool, a raison sur un point. Pour récupérer Miss Nita, nous devrons nous battre. Les gens de Pyce ne la laisseront pas facilement leur échapper.

— Vous pensez que vous pouvez les avoir ?

— Bien sûr. Pyce nous a pris par surprise, mais nous ne ferons plus l'erreur de le sous-estimer. (Il serra l'épaule de Nailer.) Avec un peu de chance, Miss Nita sera en sécurité dans très peu de temps.

Le bateau était sorti de la baie et entrait dans les eaux profondes, secoué par la houle. Nailer oscillait maladroitement dans la coursive en tentant de ne pas perdre l'équilibre. Le capitaine l'observait.

— Tu auras vite le pied marin, ne t'inquiète pas. Et, quand nous serons sur les hydrofoils, tu verras, c'est comme être sur la terre ferme.

Nailer n'en était pas très sûr. Le pont se souleva sous ses pieds et l'envoya contre un mur. Le capitaine lui lança un regard amusé et s'éloigna dans le couloir, impeccablement droit malgré le roulis.

Nailer le rattrapa.

— Capitaine !

L'homme se retourna.

— Votre type, Pyce, c'est sûrement un salaud, mais ne sous-estimez pas mon père. Physiquement, il me ressemble, maigrichon et couturé, mais c'est un tueur. Il vous écrasera comme un cafard si vous ne faites pas attention.

Le capitaine hocha la tête.

— Je ne m'inquiéterais pas trop, à ta place. Si les gens de Pyce n'ont pas encore réussi à se débarrasser de moi, ton père ne fera pas mieux.

Il se retourna et guida Nailer vers le pont.

Le vent caressa le visage de Nailer. La lumière du soleil, plus forte, dessinait une vague dorée sur l'océan. Le *Dauntless* glissait vers le large.

En chasse.

# Chapitre 20

Une vague se brisa contre la proue du *Dauntless* et éclaboussa Nailer de gouttelettes fraîches et scintillantes. Il poussa un cri de joie et se pencha dangereusement sur le bastingage. Le bateau plongeait dans le creux de la vague suivante avant de s'élancer à nouveau vers le ciel.

Ce qui lui avait toujours semblé si lisse et plat sur l'horizon était une véritable aventure depuis la proue du clipper. Les vagues se jetaient vers lui et se brisaient sur la coque à faible densité. Partout, les marins s'interpellaient et travaillaient dur sous le soleil de plomb, orientant les voiles, s'entraînant pour l'abordage, nettoyant le pont de tout matériel, se préparant pour le combat qui les attendait.

Le *Dauntless* patrouillait les eaux bleues à quelques milles d'Orleans, à la recherche de sa proie. Tous priaient pour que celle-ci soit le *Ray*. Le *Dauntless* avait toutes ses chances contre lui, mais le *Pole Star* effrayait tout le monde. Même le capitaine était inquiet. Candless était trop bon meneur d'hommes pour afficher sa frayeur, mais Nailer voyait bien, à la manière dont son visage se fermait à la moindre mention du schooner de haute mer, que le combat contre celui-ci serait par trop inégal.

— Il est rapide et il a des dents, expliqua Reynolds quand Nailer lui posa des questions sur le *Pole Star*. Il possède une coque blindée, des lance-missiles et une batterie de torpilles qui pourraient nous couler avant même qu'on ait le temps de prier.

Le *Pole Star* était à la fois un bateau de commerce et un vaisseau de guerre, conçu pour lutter contre les pirates sibériens et inuits lorsqu'il traversait le pôle pour rejoindre le Nippon. Les pirates étaient les ennemis jurés de la marine marchande, prêts à tuer et à noyer une cargaison entière pour se venger de l'engloutissement de leurs terres ancestrales. Les ours polaires avaient disparu et les phoques étaient rares, mais avec l'ouverture du passage nord, une nouvelle espèce animale bien grasse était apparue : les marchands du Nord, qui faisaient la route vers l'Europe, la Russie ou le Nippon et le grand Pacifique en passant par un pôle Nord sans banquise. Avec la disparition de la glace, les Sibériens et les Inuits étaient devenus des peuples de la mer. Ils chassaient leur nouvelle proie comme ils l'avaient fait par le passé avec les phoques et les ours de la banquise, et leur appétit les rendait implacables.

Le *Pole Star* était un vaisseau qui adorait ce genre de rencontres et s'arrangeait même pour les provoquer.

Pourtant, malgré les préventions de Nailer, Reynolds affirmait qu'ils allaient à la rencontre du *Ray*.

— Le *Pole Star* est de l'autre côté du monde, se justifiait-elle.

— Pourtant, Lucky Girl…

— Miss Nita a pu se tromper. Poursuivi en pleine tempête, n'importe qui peut se tromper.

— Miss Nita n'est pas idiote.

Reynolds lui décocha un regard mauvais.

— Je n'ai pas dit qu'elle était stupide. Je dis qu'elle a pu commettre une erreur. Le plan de route du *Pole Star* le situe du côté de Tokyo, si les vents lui ont été favorables.

Le travail sur le pont se poursuivait. Une partie étonnante du bateau fonctionnait automatiquement. Les voiles se levaient et s'abaissaient électroniquement grâce aux batteries. Et ces voiles n'étaient pas faites de toile ordinaire mais d'un tissu solaire qui fournissait de l'électricité au système, s'ajoutant à l'énergie récoltée par les cellules photovoltaïques du pont. Mais, même avec l'électronique et l'automatisation, le capitaine Candless entraînait son équipage à prendre un ris dans une voile et à faire fonctionner les pompes à main. Il clamait haut et fort que toute la technologie du monde ne sauverait pas un marin s'il n'utilisait pas sa tête et ne connaissait pas son bateau, parce que tout était susceptible de tomber en panne.

L'équipage du *Dauntless* connaissait son bateau.

Des marins grimpaient sur les mâts à toute vitesse pour s'assurer que rien n'était rouillé ou ne devait être réparé. Près de Nailer, Cat et un autre membre de l'équipage chargeaient l'énorme canon de Buckell proche de la proue, attachaient les paravoiles dans son fût et testaient les filins monofilaments, aussi fins qu'une toile d'araignée, aussi solides que l'acier, enroulés autour d'une bobine à côté du canon.

Si quelqu'un regrettait la perte d'un marin resté à terre, personne n'en parlait. Le capitaine marmonnait parfois que certains de ceux qui étaient à bord auraient préféré un autre maître, mais que cela n'avait plus d'importance. Le bateau était sur les vagues et si quelques-uns avaient des plaintes à formuler, ils les gardaient pour eux. Les proches de Candless, toujours loyaux, menaient l'équipage à la baguette pour que le *Dauntless* fende les vagues du golfe du Mexique à la recherche de sa cible.

La première nuit, Nailer avait dormi dans une couchette moelleuse et s'était réveillé en ayant mal au dos : il n'avait pas l'habitude de dormir autrement qu'à la dure. Dès la deuxième nuit, il se sentit tellement gâté qu'il se demanda comment il allait pouvoir dormir quand il rentrerait sur la plage.

Cette pensée le troublait : *quand* il rentrerait ?

Allait-il rentrer ?

S'il le faisait, son père ou l'équipe de son père l'attendraient, prêts à se venger. Or personne à bord ne lui donnait le moindre espoir de rester sur le *Dauntless*. Il était dans les limbes.

Une vague le tira de sa rêverie. Le bateau plongea à nouveau dans la houle, détrempant Nailer et l'éloignant de son perchoir. Il glissa sur le pont jusqu'à ce que sa corde de sécurité l'immobilise violemment. Il était attaché au bastingage pour ne pas basculer par-dessus bord, mais les vagues énormes qui frappaient la proue et balayaient le pont étaient incroyablement puissantes. Une nouvelle vague l'inonda. Il essuya l'eau salée de ses yeux.

Reynolds éclata de rire.

— Tu devrais voir ce que c'est quand on va vraiment vite !

— Euh… je croyais qu'on allait vite.

— Non. (Elle secoua la tête.) Un jour, si on utilise les paravoiles, tu comprendras. Avec elles, on ne vogue pas, on vole. (Ses yeux brillaient, nostalgiques.) On vole vraiment.

— Pourquoi pas maintenant ?

Elle secoua à nouveau la tête.

— Il faut que les vents soient favorables. Et on ne peut pas utiliser le canon de Buckell si on ne comprend pas les courants. On teste les vents avec des cerfs-volants, on s'assure que les courants marins sont bons et alors… (Elle désigna le canon.) Alors on envoie les paravoiles et le bateau bondit hors de l'eau comme sous l'impact d'un coup de canon.

— Et on vole.

— C'est ça.

Nailer hésita, puis dit :

— J'aimerais bien voir ça.

Reynolds lui lança un regard inquisiteur.

— Tu le verras peut-être. Si on doit fuir, nous n'aurons probablement pas le choix.

— Non, je veux dire *après* qu'on aura sauvé Lucky Girl. Je veux venir avec vous. Où que vous alliez. Je veux rester sur le bateau.

— Méfie-toi de ce que tu désires. On te ferait travailler dur.

— C'est tout ? (Nailer ricana.) Je n'ai pas peur du travail.

— Pour ce que j'en vois, tu ne fais que t'accrocher au bastingage pour admirer les vagues.

Nailer la regarda droit dans les yeux.

— Je ferai tout ce que vous voulez. N'importe quoi. Je n'ai pas peur de travailler.

Reynolds sourit.

— J'imagine qu'on va devoir te faire monter au mât pour savoir.

Nailer ne cilla pas.

— Je le ferai.

Le capitaine arriva derrière Reynolds.

— De quoi parlez-vous ?

La jeune femme sourit.

— Nailer veut du boulot.

Le capitaine prit l'air songeur.

— Beaucoup de gens ont envie de travailler sur un clipper et des clans entiers ne font que ça. Des familles qui achètent le droit de faire le mousse, en espérant monter dans la hiérarchie. Ma propre famille travaille sur les clippers depuis trois générations. Cela fait une énorme concurrence.

— Je peux le faire, affirma Nailer.

Le capitaine se racla la gorge.

— Il vaut mieux remettre cette conversation à plus tard, après le sauvetage de Miss Nita.

Nailer ne savait pas si Candless essayait de le dégoûter ou s'il était trop poli pour lui dire non. Il ne savait pas comment insister sans irriter le capitaine.

— Vous pensez que vous pouvez trouver Lucky Girl et la ramener ? demanda-t-il plutôt.

— Eh bien, j'ai quelques tours dans mon sac, répondit Candless. Si le capitaine du *Ray* est toujours Mr. Marn, on sera sur son plat-bord avant qu'il ne comprenne ce qui se passe. (Il sourit puis reprit son sérieux.) Par contre, si nous devons affronter Mrs. Chavez, ce sera une autre paire de manches. Elle n'est pas idiote et son équipage n'est composé que de durs. Les ponts seront couverts de sang.

— Ce ne sera pas le *Pole Star*, affirma Reynolds.

— Ils utilisent tous les deux des mi-bêtes ? demanda Nailer.

— Quelques-uns, répondit le capitaine. Mais l'équipage du *Pole Star* est constitué pour moitié d'Augmentés.

— Des… Augmentés ?

— Tes mi-bêtes. Nous les appelons Augmentés parce que ce sont des hommes améliorés.

— Comme Tool.

— Quelle étrange créature que celui-là. Je n'ai jamais entendu parler d'une entreprise de récup' qui s'attacherait ce genre de brute.

— Il n'était pas avec Lawson & Carlson. Il était seul.

— C'est impossible. (Le capitaine ne voulait pas en démordre.) Les Augmentés sont très différents de nous. Ils ont un maître et un seul. Quand ils le perdent, ils meurent.

— Vous les tuez ?

— Seigneur, non ! (Il rit.) Ils se laissent dépérir. Leur loyauté est sans faille et ils ne peuvent pas vivre sans leur maître. Cela provient de leurs gènes canins.

— Tool n'avait pas de maître.

Le capitaine approuva du chef, mais Nailer vit bien qu'il ne le croyait pas. Il abandonna le sujet. Ça n'en valait pas la peine.

Mais cela le faisait réfléchir. Tous ceux qui étaient familiers des mi-bêtes et de leurs gènes disaient que Tool était une créature impossible, qu'aucun mi-bête indépendant n'existait. Pourtant, Tool avait abandonné de nombreux maîtres. Il avait travaillé pour Lucky Strike et Richard Lopez, il avait travaillé pour Sadna, il avait travaillé pour les protéger, Lucky Girl et lui, et s'était contenté de partir quand cela ne lui avait plus convenu. Nailer se demanda ce qu'il faisait à présent.

Ses pensées furent interrompues par le capitaine qui sortit un pistolet.

— J'ai failli oublier, dit-il en le tendant à Nailer. Je te l'avais promis. Un petit quelque chose qui pourra t'être utile quand on aura trouvé le bateau. Tu vas avoir besoin de t'entraîner. Cat s'occupe des exercices avec l'équipage. Tir, abordage, etc. Tu te joindras à eux.

Nailer fut surpris par la légèreté de l'arme, si différente des pistolets qu'il avait approchés jusqu'ici.

— Elle ne pèse pratiquement rien, s'étonna-t-il.

Le capitaine éclata de rire.

— Tu peux même nager avec, ça ne t'entraînera pas vers le fond. Les munitions sont des balles perforantes. Ce n'est pas leur poids qui les rend efficaces, c'est leur vitesse, leur forme et l'alliage qui les compose. Tu as trente balles. (Il tendit à Nailer un poignard de combat.) Tu sais comment utiliser ça ? N'essaie pas de tuer directement ou de viser la tête. Cela ferait de toi une cible facile. Plonge vers le bas et frappe au ventre, aux genoux, derrière les jambes. S'ils sont à terre…

— Je leur coupe la gorge.

— Bon garçon ! T'es un vrai petit assoiffé de sang, toi, n'est-ce pas ?

Nailer se souvenait du sang de Blue Eyes sur ses mains.

— Mon père se défend plutôt bien au couteau. (Il réprima le souvenir de Blues Eyes.) Quand pensez-vous qu'on devra se battre ?

— Nous ratissons le coin avec un visuel de trente kilomètres à la ronde. Puisque nous disposons de tout ce qu'il faut pour bien les observer, nous pourrons décider si nous les prenons en chasse ou si nous la jouons amical dès que nous les aurons repérés. (Il haussa les épaules.) Nous ignorons ce qu'ils fomentent. Ils peuvent rester ici un moment en attendant des instructions tactiques, mais j'en doute. Ils vont certainement remonter vers le nord pour rejoindre Pyce.

Juste avant de retourner au poste de pilotage, le capitaine désigna le pistolet de Nailer.

— Entraîne-toi, mon garçon. Assure-toi de pouvoir toucher ce que tu vises.

Nailer prit son courage à deux mains.

— Capitaine ? (Il attendit que Candless se retourne.) Si vous avez assez confiance en moi pour me confier une arme, peut-être pourriez-vous me faire confiance pour me donner un boulot ? Je dois bien pouvoir me rendre utile à quelque chose.

Reynolds secoua la tête.

— Tu ne lâches rien, hein ?

— Je veux aider.

Le capitaine réfléchit puis se tourna vers Reynolds.

— Il n'a pas tort. Rends-le utile.

Reynolds jaugea Nailer.

— Bon boulot, mon garçon. (Elle sourit.) Je crois que j'ai exactement le job qu'il te faut.

Elle l'emmena dans la cale où se trouvaient les systèmes hydrauliques. L'endroit était lugubre. Les panneaux de maintenance étaient entassés dans des coffres. D'énormes équipements s'étalaient sous le plancher, leurs dents entremêlées luisant d'huile. De petits indicateurs LED scintillaient à côté des postes de contrôle. L'air puait la graisse et le métal. Nailer eut vaguement la nausée. Cela lui rappelait son travail de ferrailleur.

Une silhouette énorme s'extirpa des systèmes hydrauliques. Elle les fixa de ses yeux jaunes. Knot.

— Nailer voudrait se rendre utile, dit Reynolds.

Knot examina Nailer, son museau canin le renifla, plein de questions.

— Bon, conclut-il. Il est assez petit. J'en ai l'usage.

Quand Reynolds fut partie, il donna à Nailer un pot d'huile et un vaporisateur que le garçon attacha sur son dos, puis il lui fit lubrifier les machines commandant les hydrofoils. Le mi-bête lui indiqua aussi où se trouvaient les équipements lourds, certains avaient des roues dentées de plus d'un mètre de diamètre.

— Assure-toi que chaque partie soit dégraissée avant de l'huiler. On ne voudrait pas que ça rouille. Mais ne lambine pas non plus. Le capitaine sait qu'on s'occupe de la maintenance et on a déjà tout neutralisé. (Knot lui montra une rangée de leviers et d'indicateurs à LED.) Techniquement, personne ne peut lancer les hydrofoils tant qu'on les bloque ici, mais… (il haussa les épaules) un accident peut toujours arriver. J'ai vu des marins perdre un bras parce que quelqu'un avait oublié de revérifier les verrouillages. Alors, même si tu penses que personne ne va activer les foils, ne traîne pas.

Nailer étudia le système. Les dents brillaient comme si elles avaient envie de le dévorer.

— C'est si dangereux que ça ?

— Les hydrofoils se libèrent très rapidement. Tu n'aurais aucune possibilité de réagir. Quand les roues se mettent à tourner, elles avalent tout ce qui est à leur portée. Des tonnes de pression. Il ne resterait de toi que de la viande hachée.

— Super.

— Tu voulais du boulot. (Knot le regarda sombrement.) C'est tout ce que j'ai à te proposer.

Nailer comprit le message. Il se glissa dans le compartiment de maintenance, entre les machines.

— Tu devras aussi lubrifier les joints des valves de contrôle pour les dérouleurs de filins monofilaments, ajouta Knot.

Nailer chercha autour de lui.

— C'est où ?

Le mi-bête le regarda d'un air irrité.

— Ceux qui portent les étiquettes appropriées.

Il montra des étiquettes graisseuses attachées aux différents composants du système.

Pour Nailer, les mots étaient incompréhensibles. Il regarda les étiquettes puis le mi-bête, puis à nouveau les étiquettes.

— D'accord. Bien.

L'homme-chien grimaça.

— Tu ne sais pas lire ?

— Je peux tracer ma marque. Je connais les chiffres. Ce genre de choses.

Knot laissa échapper un soupir d'exaspération.

— Ta compagnie de ferraillage ne fait vraiment pas son boulot. (Il roula des yeux.) Il va falloir que tu apprennes.

— Quel est le problème ? demanda Nailer. Montrez-moi ce que vous voulez que j'huile. Je m'en souviendrai. Si je peux me souvenir des comptes de quota, je peux me souvenir de ça.

Knot était écœuré.

— Tu m'es totalement inutile si tu ne sais pas lire. (Il embrassa une série de leviers d'un grand geste.) Comment sauras-tu lesquels libèrent les équipements des foils et lesquels te permettront de tester les lubrifiants ? Comment sauras-tu lesquels lancent le moteur et lesquels verrouillent les foils ?

Knot frappa un levier et poussa un bouton dans le compartiment de maintenance. Il arracha Nailer des entrailles du moteur.

— Recule.

Une lumière rouge s'illumina, Knot tira un autre levier. Les roues s'actionnèrent en hurlant. Un nuage d'huile les recouvrit tandis que les dents se mettaient en branle et atteignaient leur vitesse maximale. Tout le compartiment de maintenance devint un tourbillon de roues qui semblaient vouloir dévorer Nailer. S'il était resté en bas, il aurait été déchiqueté. Il touchait du regard la complexité du travail que Reynolds lui avait confié et il en avait la chair de poule.

— Comment saurais-tu quoi faire ? hurla Knot pour se faire entendre malgré le boucan des moteurs. Comment saurais-tu de quelle façon arrêter le système ?

Il appuya sur un autre bouton et enclencha les freins. Les roues ralentirent puis s'immobilisèrent en douceur, plongeant la pièce dans le silence.

— J'ai besoin de quelqu'un qui ne commettra pas d'erreur et qui ne se fera pas arracher un bras pour avoir appuyé sur le mauvais bouton, reprit Knot en grommelant. Je vais informer Reynolds de ta déficience.

— Attendez ! Vous ne pouvez pas m'apprendre ? Si vous n'en parlez pas à Reynolds, j'apprendrai tout ce que vous voulez. Ne m'éjectez pas de votre équipe avant que j'aie une chance de commencer.

Les yeux jaunes de Knot évaluèrent Nailer.

— Tu voudrais que je mente à mon maître ?

— Non ! (La voix de Nailer se brisa quand il se rendit compte de sa maladresse verbale.) Je veux juste dire que je peux apprendre tout ce que vous voulez. Donnez-moi une chance. S'il vous plaît.

Knot pencha la tête sur le côté et sourit.

— On verra si tes performances vérifient tes fanfaronnades.

— Alors, vous n'allez pas lui en parler ?

Knot éclata d'un rire qui ressemblait à un coup de tonnerre.

— Oh que si ! On n'a pas de secrets sur ce bateau. Mais le lieutenant Reynolds t'accordera peut-être une période d'essai… si tu restes motivé.

— Oh, je suis motivé, faites-moi confiance.

Les crocs de Knot brillèrent dans l'obscurité.

— C'est toujours un plaisir de rencontrer un gamin qui veut apprendre.

# Chapitre 21

Leur chance tourna le huitième jour. Le *Ray* se dirigeait à pleine vitesse vers le détroit de Floride et l'océan Atlantique. La nouvelle fit le tour du clipper comme une décharge électrique. Tout le monde se rassembla sur le pont. Le capitaine Candless se permit un sourire.

— Le *Ray*, annonça-t-il. Pas le *Pole Star*.

Nailer voyait bien qu'il était soulagé. Il se tendit pour tenter d'apercevoir le point où Lucky Girl disparaissait à l'horizon. Mais c'était impossible. Le capitaine le vit faire, sourit, et l'emmena au poste de pilotage. Le scope et le système photographique montraient des taches à l'horizon. Le capitaine ordonna un zoom. Les taches devinrent des bateaux, une poupe, une proue, des visages flous. Tout cela à trente kilomètres de distance. Nailer était fasciné.

— Nous allons nous rapprocher pour prendre de meilleures photos, annonça le capitaine. Nous voulons savoir qui se trouve sur le pont. (Il désigna celui du *Dauntless*.) Et il vaudrait mieux que le nôtre soit vide. Tu resteras en bas jusqu'à ce que nous soyons prêts à aborder. Si Miss Nita te reconnaît ou si ton père te voit, ils seront avertis de nos intentions. Et c'est hors de question.

— Vous pouvez les rattraper ? demanda Nailer pour qui la distance semblait rédhibitoire.

Reynolds, qui était à la barre, sourit.

— Notre bateau est rapide, le leur est un traînard de luxe.

— Alors on peut ?

— Oh que oui ! Nous allons les rattraper, les aborder et les découper en morceaux.

Reynolds échangea un regard confiant avec le capitaine.

— Je ne serais pas mécontent de voir Mr. Marn mordre la poussière, dit ce dernier. Viens. Les rattraper prendra du temps et, tant que tu es en bas, tu dois en profiter. Retourne à tes lettres !

Nailer réprima un soupir.

Knot avait pris son apprentissage en charge et il n'avait pas fallu longtemps pour que Nailer déteste la tâche. Knot s'en fichait. La créature massive se contentait d'insister, de tester et de forcer le garçon à mémoriser puis à écrire.

En réalité, le boulot n'était pas aussi difficile que Nailer l'avait cru, particulièrement sous le regard jaune d'un mi-bête, mais ce n'était pas exactement intéressant. L'essentiel n'était qu'une question de travail et de temps. Or, maintenant que le bateau tanguait et que les machines étaient bien nettoyées et huilées, le seul travail que lui confiait Knot était d'étudier. Les deux dernières nuits, Nailer était resté éveillé sur sa couchette, la tête remplie de lettres et de mots. Il rêvait des fautes d'orthographe que Knot lui imposait de corriger.

Le mi-bête aimait le piéger. Les lettres, ça allait, mais les mots étaient difficiles. Un grand nombre d'entre eux ne s'écrivaient pas comme ils se prononçaient. Pourtant, tout bien pesé, ce n'était qu'une question de mémorisation, comme de compter les tournants dans une conduite ou de s'assurer que le quota soit rempli. Et Knot n'était pas aussi dur que Bapi.

Nailer rejoignit Knot en bas. Ils travaillèrent sur un livre, l'histoire d'un vieux qui pêchait. Mais Nailer avait du mal à se concentrer en sachant que Lucky Girl et l'abordage l'attendaient sur l'horizon.

Il finit par refermer le livre et leva les yeux vers le mi-bête.

— Vous avez toujours eu un maître ? demanda-t-il.

Le regard de Knot se fit sérieux.

— Je travaille pour le capitaine Candless.

— Ouais, mais si vous le vouliez, vous pourriez travailler pour quelqu'un d'autre ?

Knot haussa les épaules.

— Je ne le souhaite pas.

— Mais vous pourriez ? insista Nailer.

Knot se durcit. Ses babines se retroussèrent et ses dents apparurent.

— Je ne le souhaite pas, grogna-t-il.

Nailer frémit. Knot ressemblait soudain à un mastiff coincé, prêt à mordre. Relâchés quelques secondes plus tôt, tous ses muscles s'étaient brusquement tendus. Le mi-bête était devenu effrayant. Nailer abandonna le sujet.

Les yeux de l'homme-chien fixaient Nailer.

— Je ne le souhaite pas, répéta-t-il puis il détourna le regard.

Nailer se sentit soudain honteux d'avoir provoqué son professeur.

— Nous étions en train de lire, dit-il, hésitant.

Knot hocha lentement la tête.

— Oui. Continue s'il te plaît.

Nailer reprit la lecture et Knot corrigea ses erreurs. Le mi-bête mit un terme à l'exercice après un moment :

— Je crois que tu en as fait assez aujourd'hui. Et je dois m'occuper d'autres choses.

— Vous êtes prêt pour le combat ?

Knot sourit et ses dents pointues apparurent.

— Combattre est dans ma nature. Cette fois, c'est aussi un plaisir.

— À cause de Lucky Girl ? (Nailer se reprit.) À cause de Miss Nita ?

— Oui.

— C'est votre maîtresse ? demanda-t-il, hésitant. Celle à qui vous avez juré loyauté ?

— Pas exactement. Le capitaine Candless la sert. Je sers le capitaine. Toutefois, nous prêtons un double serment au clan.

— Mais le clan est séparé en deux, maintenant. Pyce a aussi des mi-bêtes qui travaillent pour lui.

— Oui. Les temps sont difficiles.

Nailer voulait poser d'autres questions sur la nature de la loyauté de Knot mais il avait peur de l'énerver et il ne tenait pas à avoir une nouvelle fois le sentiment d'être face à un tigre en rogne. Il y avait des sensibilités qu'il ne comprenait pas.

— Vous ne travailleriez jamais pour Pyce ?

Knot montra les crocs et gronda.

— Il n'est plus rien. Il a trahi.

— Pourtant le capitaine Candless travaillait pour lui. Jusqu'à il y a quelques jours…

Knot se leva brusquement.

— Tant que Miss Nita est en vie, nous ne servons pas Pyce. Nous pensions qu'elle était morte. Maintenant, nous savons qu'elle ne l'est pas. C'est tout. Nous la servirons jusqu'à sa mort ou jusqu'à ce que son clan cède le pouvoir à Pyce et à ses héritiers. Le père de Miss Nita ferait n'importe quoi pour elle. Nous ne pouvons pas faire moins.

— Il l'aime tant que ça ?

— C'est sa fille. Sa famille.

— Ouais. *La famille*. (Nailer réprima une pointe de jalousie.) La seule chose que la famille m'a jamais donnée, c'est des coups.

— Certaines familles sont différentes.

Nailer n'avait pas grand-chose à rajouter. Knot retourna à son travail, laissant Nailer sur sa couchette avec rien de mieux à faire qu'attendre le moment où le *Dauntless* approcherait sa proie.

La famille. Ce n'était qu'un mot. Nailer pouvait l'écrire à présent. Il pouvait assembler les lettres qui le formaient. Et c'était un symbole aussi, dont les gens pensaient connaître la signification. On l'employait partout. Les ferrailleurs. Son père. L'équipage du *Dauntless*. Tool. C'était un de ces concepts sur lesquels chacun avait une opinion : *c'est ce qui reste quand on n'a plus rien, le sang est plus fort que tout*…

Pour Nailer, la plupart de ces adages n'étaient que de mauvaises excuses pour justifier les pires comportements. Les liens familiaux n'étaient pas plus fiables que ceux du mariage, de l'amitié ou d'un serment de sang, peut-être moins. Son propre père était prêt à l'égorger, qu'ils soient du même sang n'avait pas d'importance, et Nita avait un oncle qui la pourchassait.

Alors que Nailer était certain que Sadna se battrait pour lui, bec et ongles, et donnerait sa vie pour le sauver. Sadna se souciait de lui. Pima aussi.

Les liens de sang ne valaient rien. Seuls les gens étaient importants. S'ils protégeaient vos arrières, si vous protégiez les leurs, ils pouvaient être considérés comme une famille. Le reste n'était que mensonges et fumée.

# Chapitre 22

Le *Ray* était un yacht profilé avec un équipage réduit. Le *Dauntless* le rattrapait lentement pendant que le capitaine Candless conversait par radio avec son commandant, des observations amicales sur la météo durant la saison des ouragans.

Plus ils s'approchaient, plus l'assurance du capitaine Candless augmentait. L'équipage du *Ray* était vraiment restreint et ne lui faisait pas peur. Le capitaine du *Ray* mit longtemps à se rendre compte de ce que Candless préparait et à ordonner la fuite.

Quant il déploya finalement ses voiles et commença à filer sous le vent, le capitaine Candless éclata de rire, ravi.

— Mr. Marn n'est pas aussi stupide que nous le pensions. Il nous offre une bonne petite poursuite.

Il ordonna à son équipage de prendre de la vitesse. De nouvelles voiles se déployèrent et le *Dauntless* s'élança derrière sa proie. C'était un clipper bien plus gros, nettement plus rapide, et le capitaine se gaussait de la tentative de fuite du *Ray*.

— On dirait un chaton poursuivit par un tigre.

Pourtant, l'autre capitaine, Mr. Marn, était intelligent. Il vira, esquiva, les força à le dépasser, puis ses hommes de pont se mirent à tirer. Mais il ne fallut pas longtemps au *Dauntless* pour aborder le *Ray* et lancer les grappins.

— Rendez-vous ou je vous coule et vous laisse à la mer, rugit Candless.

Le *Ray* abandonna la bataille.

Avant même que l'équipage ennemi ne se soit rendu, celui de Candless bondit sur le *Ray*, pistolet à la main. Les hommes du *Dauntless* envahirent le pont et se précipitèrent dans les coursives. En quelques minutes, l'équipage du *Ray* fut réuni sur le pont, les mains sur la tête. Des gardes mi-bêtes, des cuisiniers, des marins et, enfin, le capitaine Marn. Tous regardèrent le *Dauntless* avec rage.

— Où est Miss Nita ? hurla Candless depuis son clipper.

Marn répondit lui aussi en criant :

— Si vous êtes incapables de la trouver, vous n'avez rien à faire avec elle, sales mutins !

— Mutins ? marmonna Candless. Ce n'est pas moi qui lèche les billets rouges dans la main de Pyce. (Il se tourna vers son lieutenant.) Reynolds, prenez le contrôle de ce bateau.

Il quitta le poste de pilotage, Nailer derrière lui. Le garçon angoissa un peu en passant d'un bateau à l'autre, mais il était déterminé à ne pas montrer sa peur. Il sauta, se rétablit difficilement sur le pont mouvant mais il était à bord.

— Va voir si tu peux retrouver Miss Nita, mon garçon, lui ordonna le capitaine Candless. Elle doit bien être quelque part.

Nailer descendit dans les entrailles du bateau, visitant cabine après cabine, mais ne trouva aucun signe de Lucky Girl. Rien. Elle n'était dans aucune des cabines de luxe extraordinairement spacieuses. Elle n'était nulle part. D'autres aussi fouillaient le bateau, Knot, Vine, Cat, et ils étaient de plus en plus nerveux.

— Une cache secrète ? proposa Nailer.

— Elle s'arrangerait pour nous alerter en faisant du bruit, dit Cat.

— Pas si elle est droguée ou bâillonnée.

Cat grimaça. Ils poursuivirent leurs recherches et se retrouvèrent sur le pont.

— Rien, rapporta Cat. On n'a rien trouvé nulle part.

Le capitaine jura et se tourna vers Marn.

— Où est-elle ? (Il enfonça un doigt dans le plexus de l'autre homme.) Si vous la libérez, je ne vous ferai pas jeter par-dessus bord. Ce qui est toujours mieux que ce que vous méritez. Vous avez trahi vos serments, vous devriez être pendu.

— S'il y a quelqu'un qui est allé à l'encontre de ses serments, c'est bien vous, saloperie de pirate !

Le capitaine Candless fronça les sourcils et se tourna vers son équipage.

— Mettez-le en pièces. Démontez ce foutu bateau morceau par morceau. Je veux qu'on trouve Miss Nita et qu'on coule le *Ray*. (Il lança un regard mauvais à Marn.) Vous avez eu une chance d'agir honorablement. C'est déjà énorme.

Marn sourit.

— Nous vous avons toujours suspecté de déloyauté. C'était évident après ce qui est arrivé à Miss Sung. Nous en étions certains mais vous avez été plus prudent que la plupart. Vous avez attendu votre heure en faisant profil bas. Nous étions quelques-uns à vous accorder le bénéfice du doute.

Candless eut un petit sourire contraint.

— Je vous en suis reconnaissant. (Il toucha son chapeau.) J'aurai une pensée émue à votre égard en vous regardant couler avec votre bateau.

— Ne me remerciez pas. Maintenant que nous savons de quel côté vous êtes, nous vous pourchasserons jusqu'au bout du monde.

— Pas après la prochaine réunion du conseil. Vous aurez disparu et je continuerai à voguer sur les océans.

Le capitaine Marn sourit.

— Vous me stupéfiez. Vous étiez tellement intelligent.

Les yeux de Candless s'étrécirent.

— Que voulez-vous dire ?

Marn haussa les épaules.

— Que vous n'êtes plus aussi malin que vous l'avez été. Vous aviez un sixième sens, Candless. J'aurais juré que vous flaireriez le piège, et vous vous êtes jeté dedans, comme ils s'y attendaient.

— Comme s'y attendait qui ?

Candless fouillait les yeux de Marn. Le front du capitaine du *Dauntless* se plissa, une angoisse contracta ses joues, il rugit :

— Reynolds !

— Capitaine ?

— Qu'est-ce qu'il y a sur l'horizon ?

— Il n'y a rien, Monsieur.

— Vérifiez.

Très vite, Reynolds cria :

— J'ai une voile.

— Identifiez !

Après quelques secondes, Reynolds hurla :

— C'est le *Pole Star*, Monsieur ! C'est le *Pole Star*.

Le capitaine Marn et son équipage se réjouirent en entendant la nouvelle circuler d'un pont à l'autre sur le *Dauntless*.

— Si vous vous rendez maintenant, dit Marn, nous traiterons vos hommes en combattants, pas en mutins. (Il haussa la voix à l'adresse de l'équipage du *Dauntless* :) Rendez-vous et vous serez libres ! Ou mourez comme des chiens avec votre capitaine. C'est votre décision !

Le capitaine Candless pâlit et se tourna vers ses hommes. Sa première tentative pour donner un ordre se transforma en croassement. À la deuxième, sa voix résonna, forte et furieuse.

— Retournez à bord ! Préparez les voiles !

L'équipage retraversa les filins, mais pas au complet. Cat et trois autres restèrent sur le *Ray*. Cat eut un sourire triste puis se laissa désarmer.

Candless n'en avait pas terminé.

— Vine ! Knot ! Détruisez leur poste de pilotage.

Le canon du *Dauntless* pivota. Marn faillit protester mais Candless pointait son pistolet sur lui.

— Je vous coulerais volontiers, mais votre équipage ne mérite pas de périr noyé simplement parce que vous êtes un chien galeux.

Le canon tonna, le poste de pilotage du *Ray* explosa. Vine et Knot enflammèrent la soie et les cordages des voiles avec des torches. L'équipage du *Ray* cria sa rage tandis que les flammes léchaient le ciel. Les derniers hommes de Candless rejoignirent le *Dauntless* et le clipper s'éloigna du vaisseau en feu.

— Toutes voiles dehors !

Nailer jeta un œil vers le bateau à l'horizon. Même sans le télescope du *Dauntless*, il avait l'air énorme.

— Le *Pole Star* est un vaisseau de combat, expliqua Candless. Espérons que son capitaine se contente d'arraisonner le *Dauntless* pour en faire un trophée. Sinon, nous allons littéralement nous faire exploser.

— Pourquoi nous laisseraient-ils vivre ? demanda Nailer.

— Notre armement est de loin inférieur au leur. Cela doit les rendre très sûrs d'eux. (Candless se tourna vers le *Ray* dont l'équipage aspergeait les voiles d'eau de mer. Il sourit, sans une once de satisfaction.) À présent, c'est nous qui sommes le chaton qu'on poursuit.

Il se tourna et aboya des ordres.

— Qu'allez-vous faire ? s'enquit Nailer.

— Nous rapprocher de la côte et tâcher de les pousser à l'erreur. Ils sont plus rapides que nous, mais la poursuite sera longue. (Il examina l'océan.) Je finirai bien par trouver un subterfuge.

— Quel genre ?

Candless se força à sourire.

— Je ne le saurai qu'en le voyant.

Il rejoignit le poste de commandement et Nailer, qui n'avait rien de précis à faire, le suivit. Le capitaine et Reynolds étalèrent des cartes pour étudier les fonds marins.

— Notre tirant d'eau est plus faible que celui du *Pole Star*, dit Candless. Il nous faut un endroit où se cacher.

— On pourrait essayer de remonter le Mississippi, proposa Reynolds.

— Ils appelleraient des renforts par radio. Je ne veux pas me lancer dans un combat sur le fleuve.

Nailer essayait de comprendre les cartes. Le capitaine lui montra des lignes sur l'une d'entre elles.

— Elles indiquent la profondeur. Plus de six mètres et nous sommes tranquilles. Moins… (Il haussa les épaules…), nous nous échouons. (Il désigna un point dans les courants du golfe.)

Nous sommes à peu près là. (Il pointa ensuite un endroit sur le rivage.) Ça, c'est ta plage.

Il reprit sa conversation avec Reynolds.

Nailer regarda les lettres qui indiquaient Bright Sands Beach sur la carte et fut surpris de pouvoir les lire. Il fit courir son doigt le long des lignes de profondeur et lut les chiffres. L'île où Pima et lui avaient trouvé l'épave du clipper de Nita était un simple point encore connecté à la terre.

— Ces cartes sont vieilles ? demanda-t-il.

— Pourquoi ?

— Les profondeurs ne sont pas bonnes et ce devrait être une île, au moins à marée haute.

Reynolds et le capitaine échangèrent un regard amusé.

— Tu as raison. Les profondeurs sont aujourd'hui plus importantes que lorsque les cartes ont été dessinées, mais les proportions sont les mêmes : la montée des eaux a été peu ou prou identique partout.

Nailer absorba l'information, intégrant le fait que l'île avait été reliée à la terre avant d'être isolée par la montée des eaux. Il compara la carte avec ses souvenirs de Bright Sands Beach et fronça les sourcils.

— Même en tenant compte de ça, votre carte est fausse. (Nailer désigna les abords de l'île, là où s'élevaient les Dents.) Dans toute cette zone, il n'y a pas plus de deux mètres de fond, même à marée haute.

— Ah ? (Candless se pencha sur la carte puis leva les yeux vers Nailer) Comment le sais-tu ?

Le doigt de Nailer encercla la zone autour des Dents.

— Des bateaux s'y échouent tout le temps. Il y a un tas d'immeubles là-dessous. On les appelle les Dents, elles bouffent tout ce qui s'en approche. (Il déplaça son doigt.) Il faut passer de ce côté pour éviter de sombrer.

— Est-ce possible ? demanda Reynolds, dubitative. Quelqu'un aurait raté une ville entière ?

— Peut-être. (Candless était songeur.) C'était la panique quand ces cartes ont été dessinées. La montée des eaux et la famine faisaient un nombre incalculable de victimes. Si une ville a été abandonnée, elle a pu être omise. Ça n'avait pas d'importance à l'époque. Personne n'imaginait qu'on voguerait au-dessus un siècle plus tard

— Ils ont en effet raté une ville entière, commenta Nailer. Toutes sortes de bâtiments qui dépassent. La profondeur n'a rien à voir.

— Et quelle est la profondeur ?

— À marée haute ? (Nailer haussa les épaules.) Peut-être un mètre ou deux. Les sommets des tours les plus hautes dépassent à marée basse.

Reynolds paraissait toujours aussi sceptique, Candless pas :

— Ce n'est pas une voie marchande majeure. Une erreur sur les cartes peut passer longtemps inaperçue. (Il fit un clin d'œil à Nailer.) Et aucun rat des plages ne s'en plaindrait. D'ailleurs, même s'ils le faisaient, qui les écouterait ? La moitié de la côte a été abandonnée à la jungle. Il ne reste plus que la malaria et des criminels.

— Chavez dispose des mêmes cartes, observa Reynolds.

— En effet. (Candless sourit, soudain féroce.) Fournies par la compagnie.

— Il faut bien choisir notre moment. (Reynolds eut une moue pensive.) Ça va être du sport.

— Je préfère une route difficile à un combat impossible.

Candless fit signe à Nailer de s'approcher.

— Maintenant, dis-moi mon garçon, où se trouve exactement cette ville ? Et où sont les bâtiments qui affleurent ?

# Chapitre 23

Quand Nailer eut détaillé la disposition des Dents, Reynolds s'opposa au projet de son capitaine.

— C'est trop risqué. Le garçon peut se tromper sur les profondeurs. Quant à se glisser dans la marée de nuit…

— Tu as une meilleure idée ? demanda le capitaine.

Elle n'en avait pas mais ne tenait pas à le reconnaître.

Ils étaient de retour au poste de commandement, les oreilles attentives aux signaux et aux gémissements du radar. Le capitaine Candless avait ordonné que le *Dauntless* se dirige vers Bright Sands Beach. Il avait jugé les vents acceptables pour les paravoiles et le tir du canon de Buckell avait fait trembler tout le bateau.

Le missile traînant son filin de halage décrivit un arc dans le ciel, puis les paravoiles se déployèrent, rouge et or, brillantes dans la lumière du soleil, les couleurs de Patel Global. Le *Dauntless* frémit et bondit sur ses hydrofoils, s'élevant au-dessus des vagues. Les voiles principales du bateau ondulèrent, ferlèrent et, soudain, Nailer sentit le vent sur son visage. Il ne l'avait pas remarqué auparavant, mais le vent était violent.

— Le vent souffle moins fort sur l'eau que là-haut, expliqua le capitaine. Jusqu'ici, on naviguait vent arrière, donc tu ne le sentais pas beaucoup. Maintenant, nous utilisons les courants d'altitude.

L'océan défilait à toute vitesse sous la coque. La réfraction de la lumière sur les vagues donnait l'impression que toute leur brillance se mélangeait dans un mouvement impossible à comprendre.

— Cinquante-deux nœuds, annonça le capitaine avec satisfaction.

Derrière eux, le *Pole Star* lançait ses propres paravoiles. Le bruit du canon résonna sur l'eau.

— Si nous avons de la chance, elles vont s'emmêler et nous pourrons les avoir, dit Candless en regardant le missile s'élever. C'est foutrement difficile d'attraper les courants. Une fois les voiles déployées, tout va bien, mais c'est sacrément délicat.

Hélas, les paravoiles du *Pole Star* se déplièrent. Grâce à la longue-vue du système de navigation du *Dauntless*, ils virent le bateau se hisser sur ses hydrofoils. La coque du vaisseau de combat se dressa sur l'eau.

— Pourquoi ne se contentent-ils pas d'abattre nos voiles ? demanda Nailer.

— Ils le feront peut-être, quand ils seront assez près pour incendier nos paravoiles avec des balles chimiques.

— Ils ne vont pas nous brûler de la même manière ? Nous couler ?

Le capitaine échangea un regard avec Reynolds.

— Chavez est avide. Si elle peut s'emparer de nous, elle nous accusera de piraterie et elle aura une récompense. Si elle nous coule, nous ensable ou nous chavire, elle n'aura rien.

Les deux clippers filaient sur l'océan. Parfois, il semblait que le *Dauntless* gagnait du terrain mais, chaque fois que Nailer se tournait vers l'horizon, la silhouette du vaisseau de guerre avait grossi. Il les poursuivait comme s'ils étaient des requins. Nailer en frissonna.

Le capitaine revint à la carte.

— Si Nailer a raison, on peut contourner les Dents par là et donner l'illusion de chercher un refuge.

— S'il a raison, insista Reynolds.

— J'ai raison, affirma Nailer. Je connais ces eaux.

— Tu les as déjà traversées en bateau ?

Nailer hésita. Il pouvait prétendre que oui, qu'il connaissait les vagues, qu'il savait exactement ce qu'il faisait.

— Non, reconnut-il. Mais je connais les Dents. Je les ai vues à marée basse. Si les profondeurs indiquées par vos cartes ont été un jour exactes, on peut traverser les Dents à marée haute. Ici. Entre l'île et les Dents, il y a un passage.

— C'est une invitation à sombrer, dit Reynolds. La marée ne sera haute qu'à la nuit, nous n'aurons pas beaucoup de repères et la marge d'erreur du GPS risque de se révéler trop importante pour que nous la corrigions avant de nous empaler sur une vieille poutre.

— Je connais le passage, se renfrogna Nailer.

— Ah ouais ? railla-t-elle. Dans le noir ? À la lumière de la lune ? Du premier coup ?

— Laisse le gamin tranquille, intervint le capitaine.

Nailer décocha un regard mauvais au lieutenant.

— Vous avez une meilleure idée ? On est morts quoi qu'il arrive, non ? Qu'allez-vous faire ? Vous rendre ? Vous laisser traiter de pirates et vous passer la corde au cou ? (Nailer eut une mimique de mépris.) Vous autres, les riches, vous êtes des faibles. Vous avez peur de prendre un risque même quand vous êtes déjà morts.

Le bateau fit une embardée. Tous se tendirent pour garder l'équilibre. Candless et Reynolds échangèrent un regard. La mer avait grossi toute l'après-midi et, lorsqu'ils sortirent sur le pont, ils constatèrent que les vagues étaient de plus en plus hautes et violentes. Les hydrofoils protégeaient le bateau de l'essentiel de l'agitation marine mais, les vagues forcissant, la proue commençait à s'enfoncer dans la houle. Candless étudia les paravoiles entre les formations naissantes de nuages.

— On ne va pas pouvoir rester sur les foils longtemps. Pas avec une mer démontée.

Le bateau franchit une vague, oscilla, remonta le creux suivant. L'eau envahit le pont. Celui-ci s'inclina brutalement quand l'un des hydrofoils perdit son appui sur la houle. Nailer s'accrocha au bastingage. Tiré par les paravoiles, le clipper se redressa et reprit sa course. Les nuages s'assombrirent et ondulèrent tels des serpents. Leurs entrailles s'illuminaient par flashs. Une tempête s'annonçait.

— Une tueuse de villes ? demanda Nailer.

Le capitaine secoua la tête.

— Non. Mais une vraie complication qui rendra notre périple beaucoup plus dangereux.

— On pourrait les perdre dans la tempête, suggéra Reynolds.

— Leur radar leur permettra de nous suivre, de toute façon, objecta Candless. La seule manière de leur échapper c'est de les naufrager.

— Ça pourrait tuer Miss Nita si elle est à bord.

Candless foudroya Reynolds.

— Tu crois que je ne le sais pas ? Dans la confusion, on enverra une équipe pour la récupérer. Mais ça va être moche.

— Vous n'avez aucune idée de l'issue de l'affrontement.

— Merci, Reynolds, j'apprécie ta contribution. Que je sois damné si je nous laisse mourir en étant trop lâche pour profiter de notre seul avantage !

Le *Dauntless* filait dans la tempête. Quand les vents devinrent trop puissants, le capitaine fit replier les paravoiles. Elles retombèrent. Le monofilament gémissait en s'enroulant dans la bobine du canon, puis celui-ci émit un hurlement quand la bobine s'emmêla. Knot, Vine et Trimble se précipitèrent. Les paravoiles fouettaient l'air sur un bord. Le *Dauntless* donna de la gîte.

Dans le poste de pilotage à travers la pluie, Nailer aperçut l'équipage lutter avec les winchs. Le capitaine tenait la barre, le front soucieux.

— Dis-leur de couper, ordonna-t-il.

Nailer le regarda, incertain.

— Vas-y, mon garçon ! Tout de suite.

Nailer se précipita sur le pont. Au dernier moment, il se souvint de s'accrocher à un point fixe avant de s'aventurer dans le vent. Ce qui ne l'empêcha pas de tomber lorsqu'une vague frappa la proue, de glisser jusqu'au grand mat et de s'écraser douloureusement contre celui-ci. Il se releva tant bien que mal et tituba avec le tangage.

— Coupez-les ! hurla-t-il pour couvrir le rugissement de la tempête.

Knot s'assura d'un regard que l'ordre émanait du capitaine, tira une lame et, d'un coup sec, trancha le filin. Celui-ci claqua comme un fouet. Les paravoiles disparurent dans un nuage noir.

Nailer se demanda s'ils ne venaient pas de perdre un avantage qu'ils regretteraient plus tard. Knot lui accorda un sourire triste.

— On n'y peut rien, mon garçon.

Puis il rejoignit le reste de l'équipage pour hisser les voiles principales.

Leurs efforts fascinaient Nailer. La pluie les giflait, les vagues leur déversaient des trombes d'eau, mais ils luttaient pour maîtriser le bateau. Et le *Dauntless* répondait. Il jaillit sur la mer tumultueuse et plongea dans un creux pour chevaucher la houle. Les vagues étaient monstrueuses. Attaché à son cordon de sécurité, Nailer, lui, s'accrochait au bastingage, loin de l'activité fiévreuse des marins.

La nuit, d'un noir absolu que déchirait occasionnellement un éclair, tomba brutalement. Quelque part derrière eux, le *Pole Star* les poursuivait toujours, mais Nailer ne pouvait plus le voir et n'avait aucune idée de l'endroit où il se trouvait. Faire semblant que sa silhouette effilée avait abandonné était rassurant, mais ce n'était qu'un fantasme.

Aux ordres du capitaine Candless, ils commencèrent à manœuvrer vers la côte, gagnant l'endroit où ils allaient tendre leur piège. Malgré l'obscurité, le *Pole Star* suivrait, grâce à ses instruments de surveillance. Ce que confirma le radar principal du *Dauntless* lorsque Nailer quitta le pont pour se réchauffer d'une tasse de café.

— Ils se rapprochent, remarqua-t-il après un sursaut de recul.

Le capitaine était lugubre.

— Plus vite qu'on ne le craignait. Va voir à la poupe.

Nailer courut jusqu'à une échelle et ouvrit l'écoutille arrière. La pluie le fouetta. Le *Pole Star* escaladait une vague.

Un éclair déchira l'obscurité et le tonnerre gronda. Bien plus près qu'il ne s'y attendait, le *Pole Star* apparut sur la crête d'une vague avant de disparaître dans le creux suivant.

Quand il revint dans le poste de commandement, le capitaine expliqua :

— Ils sont plus stables que nous, ils ont gardé les paravoiles plus longtemps.

— Que vont-ils faire ?

Les yeux du capitaine fixaient l'écran-radar.

— Nous menacer, puis nous aborder.

— Dans la tempête ?

— Dans l'Arctique, ils ont combattu sur des mers plus démontées. Ils ne vont pas s'effrayer d'une petite pluie et de quelques vaguelettes.

Le capitaine se pencha vers Nailer.

— Entre nous, mon garçon, tu es sûr pour ces Dents ?

Nailer se força à hocher la tête. Le regard du capitaine ne le lâcha pas.

— C'est un pari, dit-il. Du genre que je n'aime pas. Du genre qui a détruit le bateau de Miss Nita, tu comprends ? (Il désigna le pont et l'équipage.) Même si tu penses que ta vie ne vaut pas grand-chose, tu risques celle de tout le monde sur le bateau.

Nailer détourna les yeux.

— Par temps clair… (Il s'interrompit et ramena son regard sur celui du capitaine.) Je ne sais pas. Dans le noir ? Dans la tempête ? (Il haussa les épaules.) Je connais la baie et j'ai traversé le passage, mais je ne sais pas si ça va fonctionner. Pas dans ces conditions.

Le capitaine se retourna vers l'obscurité dans laquelle se cachait leur poursuivant.

— Très bien. Ce n'est pas la réponse que j'espérais, mais elle est honnête. Faisons confiance au Destin.

— Vous allez quand même tenter le coup ? demanda Nailer.

— Quitte à mourir, autant saisir sa chance.

— Mais… et les autres ?

Candless se fit solennel.

— Ils connaissaient les risques avant qu'on quitte les Orleans. Ils ont toujours eu des options plus sûres que de s'associer au vieux loyaliste que je suis. (Il montra les écrans de navigation et les images infrarouges de la ligne de côte.) Maintenant, mon garçon, sois mes yeux. Mène-nous à bon port.

Sur les écrans, les éclairs dessinaient la silhouette de la côte. Un canon tonna, un missile dessina une trajectoire lumineuse dans leur direction.

— Ils craignent qu'on se jette dans la mangrove, observa Candless.

Nailer se tourna vers lui.

— Ils vont nous couler ?

— Le *Pole Star* n'est pas ton problème. (Le capitaine agrippa l'épaule de Nailer et le força à se retourner.) Ton problème est là ! Montre-moi où je dois naviguer !

Nailer se pencha sur les écrans, étudia la côte. L'île scintillait droit devant. Il fronça les sourcils. Non. Ce n'était pas elle. Seulement une colline. Tout était différent dans le noir, sous la pluie.

— Je ne vois pas l'île, annonça-t-il.

Nailer tenta de percer l'obscurité à travers la vitre ruisselante. Il ne vit rien.

— Regarde mieux ! ordonna le capitaine

Ses doigts s'enfoncèrent dans l'épaule de Nailer.

Nailer se concentra. La tâche lui parut impossible. Sur l'écran du scope, la côte formait une vague végétale, floue. Il abandonna l'appareil au profit du pare-brise. Il y eut un nouvel éclair, puis un autre et l'explosion du tonnerre. Alors il distingua l'île et il déglutit. Ils étaient trop loin.

— Là-bas, cria-t-il. On l'a dépassée.

Le capitaine jura. Il manœuvra la barre à toute vitesse en criant des ordres. Les voiles faseyèrent.

Le bateau tangua dangereusement, bousculé sous un angle inattendu par une vague. Un marin tomba du mât principal et s'immobilisa par à-coups, suspendu dans son harnais. La bôme balaya le pont. Le *Dauntless* pivota. Soudain, l'énorme silhouette du *Pole Star* les domina, se précipitant sur eux. Les vagues ballottaient le *Dauntless*, ses voiles claquaient. Sur le pont, Reynolds hurlait pour préparer l'équipage à l'échouage.

— Aux pompes !

Le *Pole Star* était sur eux. Sur ses plats-bords, les mi-bêtes faisaient tournoyer les crochets d'abordage, avides d'en découdre. Le vent gonfla enfin les voiles du *Dauntless*, qui bondit d'un coup et prit de la vitesse. Le *Pole Star* se jeta à sa poursuite, cherchant en vain à l'accrocher. Le *Dauntless* le dépassa, emporté par les vagues.

— À droite, hurla Nailer. À droite.

Il pouvait voir l'île, ils étaient sur les Dents. Ils allaient s'échouer.

— On dit Tribord, répliqua sèchement Candless en tournant la barre.

Le capitaine semblait soudain étrangement détendu. Le *Dauntless* bondissait sur les vagues, porté par la houle. Ils dépassèrent l'île et les Dents.

Le bateau ralentit dans le calme relatif de la baie.

— Jetez les ancres, hurla Candless tandis que l'équipage abaissait les voiles.

Le *Dauntless* se balança, frémit et pivota quand l'ancre de proue mordit le fond. Les vagues se jetèrent contre son immobilité, le forçant à pointer le nez vers la houle, puis l'ancre de poupe accrocha à son tour et le bateau s'immobilisa.

Nailer sortit du poste de commandement sous la pluie battante.

— Préparez-vous à l'abordage, hurla Reynolds.

Un éclair déchira le ciel. Le *Pole Star* approchait. Nailer s'agrippa au bastingage et regarda le monstre.

— Destin, murmura-t-il en se touchant le front.

Il ne se connaissait pas croyant mais, à cet instant, il se mit à prier.

Reynolds vint se placer à côté de lui. Le vaisseau de guerre fonçait vers eux.

— On va enfin savoir si tu as vu juste, mon garçon.

La gorge de Nailer était sèche. Le *Pole Star* plongea dans leur direction, apparemment dans l'intention de les écraser sous son poids. Il se jouait des vagues. La terreur s'empara de Nailer. La tempête modifiant le niveau de la mer, les Dents pouvaient ne pas affleurer la surface et le *Pole Star* les franchir. Le désespoir l'envahit. Il n'avait pas réfléchi aux effets de la tempête. Pas étonnant que le *Dauntless* soit passé malgré son mauvais positionnement.

Le *Pole Star* abaissait ses propres voiles et ralentissait, glissant pour se positionner à côté du *Dauntless*. Nailer en était malade. Il s'était planté. Il s'était cru malin mais, parce qu'il n'avait pas réfléchi aux détails, ils allaient subir l'abordage.

— Capitaine, hurla-t-il. Ils ne...

Le *Pole Star* s'arrêta net et resta suspendu sur l'eau alors que la mer bouillonnait autour de lui. Une vague s'écrasa sur sa coque, puis une autre, et son équipage s'agita en tous sens, comme une fourmilière qui prenait vie. Le bateau bascula lentement sur le côté et se figea. Deux vagues énormes le frappèrent. Le vaisseau de guerre gîta, accroché à une flèche surgie des profondeurs. Une vague monstrueuse le frappa et, cette fois, le bateau tout entier se coucha sur le flanc et se déchira.

Reynolds éclata de rire et frappa l'épaule de Nailer.

— Ils ont de quoi s'occuper, hurla-t-elle pour se faire entendre. Finissons-les !

Tous se précipitèrent vers les chaloupes, Nailer sur les talons de Reynolds. Les canots se balançaient au-dessus de la mer démontée. Nailer prit place dans la même chaloupe que Knot, Vine, Candless et une demi-douzaine de marins. Deux autres canots se remplirent des membres de l'équipage du *Dauntless*. Lancés, les moteurs biodiesel émirent un hurlement suraigu. Les lames de support et les embarcations se mirent à vibrer.

Les deux premiers canots se libérèrent et tombèrent comme des pierres dans les vagues, moteurs hurlants. Ils rebondirent sur l'eau et se ruèrent vers le *Pole Star* en train de sombrer.

— Tout est clair, hurla Reynolds.

Les crochets s'ouvrirent. La chaloupe plongea. Nailer eut un haut-le-cœur. Ils frappèrent violemment l'océan. Nailer fut propulsé en avant, s'écrasa sur le dos de Vine et se mordit douloureusement la lèvre. Le canot bondit et accéléra pendant que le garçon s'agrippait pour retrouver son équilibre.

— Vérification des armes ! ordonna Candless.

Nailer saisit le pistolet à sa ceinture. Son cœur battait à tout rompre. Trimble lui souriait.

— Rien de tel qu'un abordage en pleine tempête, hein mon garçon ?

Nailer hocha la tête, nauséeux. Sous la main sûre de Reynolds, leur petite embarcation chevauchait les vagues. Ils approchèrent le *Pole Star* en perdition par la poupe. Nailer crut apercevoir le capitaine accroché au bastingage, elle tentait de stabiliser le bateau en répartissant son équipage sur le pont. Un sentiment de triomphe le survolta. Elle devait être si sûre d'elle un instant plus tôt ! Maintenant, elle était paniquée. Il éclata de rire dans la pluie. C'était lui qui était responsable de ça.

Leur chaloupe cogna la coque du *Pole Star*. Knot lança un grappin et grimpa l'échelle de corde à toute vitesse, Vine sur ses talons. Ils enjambèrent le bastingage, pistolets et machettes en main, suivis par le reste de l'équipage.

Reynolds donna une tape dans le dos de Nailer.

— Bouge, garçon !

Nailer agrippa l'échelle, se hissa le plus vite qu'il put et franchit le bastingage. Candless luttait avec l'autre capitaine. Il tourna le torse et la femme plongea par-dessus bord. Une fois dans l'eau, elle agita frénétiquement les bras pour ne pas couler. Candless pointa alors son pistolet sur le reste de l'équipage.

— Jetez vos armes et rendez-vous ! ordonna-t-il.

Si le rugissement de la tempête couvrit sa voix, son arme rendit son message parfaitement compréhensible. Nailer chercha l'autre capitaine dans les vagues. Elle avait disparu, aspirée par les Dents.

Ils avaient pris le *Pole Star* !

Nailer se retournait pour sourire à Reynolds quand une marée de mi-bêtes surgit de la cale en tirant dans tous les sens. Candless tomba dans un nuage de sang. Reynolds écarta Nailer et riposta. Nailer leva son pistolet et tira à travers le rideau de pluie, certain de rater sa cible.

Une vague gigantesque frappa le bateau. Le pont du *Pole Star* bascula. Les combattants glissèrent dans la mer.

Son pistolet lui échappa, mais Nailer réussit à s'accrocher au bastingage. Il se balançait à bout de bras, la houle le prenait aux jambes, prête à l'avaler. Nailer échappa au tourbillon d'eau et s'agrippa au bastingage. L'énorme clipper qui lui avait semblé invincible devenait minuscule en sombrant.

Reynolds, qui continuait à tirer dans le noir, l'aperçut.

— Trouve Miss Nita ! hurla-t-elle tandis que les balles sifflaient autour d'elle.

L'un des mi-bêtes du *Pole Star* émergea près d'eux. Ces monstres semblaient indestructibles. Reynolds lui tira dans la poitrine. Il replongea. Nailer ne voyait aucun des hommes-chiens du *Dauntless*. Knot, Vine et leurs congénères étaient peut-être déjà morts.

Le pistolet de Reynolds tonna une nouvelle fois. Elle jeta un regard furieux à Nailer.

— Vas-y !

Nailer tira son poignard de combat et lança ses munitions vers Reynolds. Il se précipita vers l'écoutille la plus proche, priant pour ne pas tomber sur un autre groupe de mi-bêtes, et s'y engouffra.

La fureur de la tempête s'assourdit. Nailer s'essuya le visage et cligna des yeux. Des LED d'urgence éclairaient la coursive, fonctionnant sur les batteries de secours. Nailer ne put s'empêcher de calculer le butin qu'on pourrait tirer de ce système d'éclairage. Il passa devant des accessoires en bronze et des portes d'acier tout en estimant intérieurement leur valeur. Le couloir s'inclina, ballotté par les vagues. Nailer se pressa.

*Concentre-toi, crétin. Trouve Lucky Girl et tire-toi.*

Rien ne bougeait dans la lueur rouge des couloirs. Au-dessus de lui, les coups de feu continuaient à retentir, mais l'intérieur du clipper était étrangement silencieux. Il s'enfonça dans les coursives, les oreilles aux aguets. Il n'entendait que les craquements provoqués par la violence des vagues sur la coque, le bruit feutré de ses pas et sa respiration hachée. Il s'arrêta pour reprendre son souffle, à l'affût du moindre signe de mouvement.

Rien.

Il reprit sa progression, le poignard bien en main. Impossible qu'il soit seul. Lucky Girl devait se trouver quelque part et, avec elle, des membres de l'équipage du *Pole Star*.

Une fois de plus, Nailer s'étonna de sa tendance à la stupidité suicidaire. Trahir son père avait été d'une stupidité colossale, mais déambuler dans un bateau en train de sombrer était pire. S'il avait été doué d'intelligence, il aurait laissé tomber aux Orleans, dès que Lucky Girl avait disparu. Il aurait pu trouver du travail et s'en sortir sans problème. Il aurait pu remonter le Mississippi ou choisir un autre chemin. Mais il avait été fasciné par la loyauté de l'équipage du *Dauntless*, de Candless et Reynolds, de Knot et Vine… et, pour être honnête, ses propres fantasmes concernant une jolie fille riche avaient aussi pesé dans la balance.

*Bon boulot, héros.*

Son esprit était de retour à Bright Sands Beach, là où tout avait commencé, et les choses étaient nettement pires : il risquait de se faire arracher la tête par un mi-bête simplement parce qu'il rêvait d'une fille riche…

Du mouvement devant lui. Des bruits. Des cris étouffés. Nailer se plaqua contre un mur de la coursive. Il jeta un œil prudent vers le bout du couloir. Une échelle de coupée descendait vers la cale. Il se glissa plus près, tendit l'oreille.

— Apportez-moi un autre sceau ! Non ! Pas là ! Là !

D'autres cris. Une équipe luttait contre les dommages dans la coque, tentait d'empêcher l'eau de s'engouffrer dans le bateau.

Nailer se pencha par l'ouverture entre les deux niveaux. En bas, le couloir se remplissait d'eau. Des hommes et des femmes pataugeaient, de l'eau jusqu'aux genoux. La mer pénétrait aussi par les parois. Nailer regretta de ne plus avoir son pistolet. Il aurait pu tous les abattre… Il chassa cette pensée. Se lancer dans un combat contre des gens qui ne se souciaient pas de lui était dément.

L'un des marins se retourna et écarquilla les yeux.

— Hé !

Nailer se retira précipitamment et se mit à courir.

— Abordage ! criait-on derrière lui. Abordage !

Nailer était en train de se glisser dans une cabine, quand il entendit des bottes marteler l'échelle de coupée. Malmenée par l'échouage, la cabine était sens dessus dessous. Nailer s'y enferma le temps que le bruit des bottes s'éloigne, puis il inspira profondément et ressortit. Le balancement du navire rendait tout mouvement délicat. Les coursives étaient renversées, les portes étaient devenues des ouvertures dans le sol. Nailer se précipita vers l'échelle en priant pour ne pas tomber sur de nouveaux marins.

Descendre fut une expérience étrange à cause de l'angle que faisait l'échelle de coupée. Le bateau tout entier était sur le flanc. L'eau s'engouffrait partout. Nailer ignora la cale dans laquelle l'équipage avait scellé une partie de la cargaison et se dirigea vers le ventre du navire déchiré, fouillant désespérément cabines et réserves. Il ne rencontra personne. Tout le monde devait se trouver sur le pont ou était occupé à lutter contre l'inondation. Il était seul. Il décida d'abandonner toute discrétion.

— Lucky Girl ! cria-t-il. Où t'es, bordel ? Nita !

Pas de réponse.

Elle devait être ailleurs, plus haut dans le clipper, ou il l'avait manquée.

Ou elle avait été droguée.

Ou elle ne s'était jamais trouvée sur le bateau.

Il grimaça. Elle avait pu être abandonnée aux Orleans. Ou tuée. Il pataugea dans l'eau. Les murs étant devenus le sol, il était difficile de s'orienter. Le bateau, qui continuait à glisser sur le flanc, tressauta et le monde se retourna à nouveau. L'eau jaillissait de partout. Il ouvrit une porte à la volée et une vague le frappa, l'expédiant à l'autre bout du couloir. Il reprit son souffle, parvint à se relever. Le niveau de l'eau grimpait à toute vitesse. Il se mit à courir.

— Lucky Girl !

Toujours rien. Les LED s'éteignaient, plongeant petit à petit le bateau dans le noir. Les coursives et les cabines étaient vides, l'équipage s'était enfui. Le *Pole Star* sombrait. Nailer devait sortir. Il se demanda où en étaient les combats. Qui l'emportait ?

L'odeur de la graisse à machine empuantissait les coursives. Il avait l'impression d'être de retour sur une des épaves des ferrailleurs. D'être à nouveau coincé dans le pétrole.

Complètement perdu, il poussa une autre porte et rampa pour pénétrer dans ce qui s'avéra être la salle des machines. Les systèmes des hydrofoils gisaient dans l'obscurité à peine rougeoyante, gémissant vaguement tandis que les mécanismes des paravoiles et de la bobineuse tournaient encore. Un avertissement signalait : MOTEURS EN ROUTE ! ATTENTION AUX MAINS ET AUX VÊTEMENTS AMPLES. Nailer s'amusa de comprendre ces mots. Il allait couler, mais il savait lire.

Sur l'un des murs, des indicateurs clignotaient, annonçant de nombreuses défaillances électriques et des erreurs de positionnement, probablement parce que le poste de pilotage avait sombré. Les mécanismes étaient identiques à ceux qu'il avait lubrifiés sous la férule de Knot à bord du *Dauntless*. L'ensemble était plus grand mais similaire. Comme le bateau était sur le flanc, les panneaux de maintenance s'étaient libérés et révélaient les énormes moteurs et les systèmes hydrauliques. Les bateaux de la flotte de Patel Global semblaient tous construits sur le même modèle. Nita ne pouvait pas se trouver dans la machinerie. Nailer reprit ses recherches. Le bateau gémit et tangua à nouveau. Nailer se demanda s'il n'allait pas finir comme Jackson Boy. Mort dans une autre sorte d'épave mais mort tout de même.

— Nita ! Où t'es, bordel ?

Le bateau était à deux doigts de se retourner complètement, seule la résistance de ses mâts empêtrés dans les Dents l'empêchait de chavirer. S'il basculait vers le fond, Nailer allait devoir nager pour sortir. Il se demanda s'il serait capable de s'en sortir dans les vagues et au milieu des débris.

— Tiens, tiens ! (Une voix familière interrompit ses pensées :) Salut Lucky Boy !

Nailer se retourna, les poils dressés sur sa nuque.

Son père se tenait dans le couloir inondé, Nita, ligotée et bâillonnée, jetée sur son épaule. L'eau dégoulinait sur son visage, une machette luisait dans sa main.

Nailer fit un pas en arrière, horrifié. Son père sourit. Même dans l'obscurité des LED rouges, Nailer pouvait voir qu'il était défoncé à ses yeux écarquillés et brillants, à son sourire bestial de camé satisfait.

— Putain ! s'exclama Richard Lopez. Je ne pensais vraiment pas te rencontrer ici. (Il laissa tomber Nita sur le sol et fit tourner sa machette.) D'ailleurs, je ne croyais pas te revoir un jour.

Nailer tenta de hausser les épaules, tenta de masquer sa peur.

— Ouais. Moi non plus.

Son père éclata de rire. Son ricanement résonna dans l'espace réduit. Les dragons, enroulés autour de sa pomme d'Adam, paraissaient noirs sur ses bras nus. Sous ses muscles de guerrier, ses côtes saillaient.

— Tu vas rester à ne rien faire ? demanda Lopez. Ou tu vas m'aider ?

Nailer hésita, perplexe.

— T'aider ? Tu veux que je t'aide avec la fille ?

Son père sourit.

— Je plaisantais. J'aurais dû te laisser crever quand on a trouvé le clipper. J'aurais dû me douter que tu n'étais qu'un petit bâtard ingrat.

— Laisse-la partir. Tu n'as pas besoin d'elle.

— Oh que non ! (Lopez secoua la tête.) Je n'ai pas besoin d'elle. Mais je ne vais pas sortir les mains vides et c'est sans doute le varech le plus précieux de ce bateau.

— Ils te prendront.

— Qui ? (Son père partit d'un rire sarcastique.) Tout le monde s'en tape maintenant. C'est chacun pour soi. (Il haussa les épaules.) De toute façon, ils se foutent qu'elle soit morte ou vivante. Si je la vendais en pièces détachées aux Moissonneurs, ça reviendrait au même. (Il baissa les yeux sur elle.) Elle a peut-être été riche, mais ce n'est plus que du varech.

Nailer suivit le regard de son père et s'étonna que Nita soit consciente. Elle luttait contre ses liens, tentait de se libérer.

Lopez lui donna un coup de pied.

— Ne bouge pas, ordonna-t-il.

Nita hurla de douleur et sanglota en reprenant son souffle. Lopez revint à Nailer, se remit à agiter sa machette.

— À quoi tu penses, mon garçon ? Tu crois que tu vas pouvoir planter ton paternel avec ton canif ? Te venger de toutes les fois où je t'ai corrigé ? Alors, viens ! (Il fit signe à Nailer de s'approcher.) Au corps à corps, fils. Comme sur le ring. (Il montra ses dents gâtées.) Je vais répandre tes entrailles !

Il plongea. Nailer se jeta sur le côté. La machette frôla son visage. Lopez riait.

— Bon réflexe, fils. T'es un rapide ! (Il frappa à nouveau et la lame dessina une ligne brûlante sur le ventre de Nailer.) Presque aussi rapide que moi.

Nailer tituba. La coupure n'était pas profonde – il avait connu pire avec les légers – mais la rapidité de son père le terrorisait : il était aussi dangereux qu'un mi-bête. Il laissa Lopez approcher et le titiller avec de petits coups de machette. Puis il feinta avec sa lame beaucoup plus courte et tenta de profiter de l'ouverture. Lopez anticipa et, cette fois, la machette frappa Nailer à la joue.

— Un peu trop lent, mon garçon.

Nailer recula, luttant contre sa peur. Il essuya le sang sur son visage. Lopez était d'une rapidité époustouflante. Gavé d'amphétamines, c'était un surhomme. Une fois, à la suite d'un pari, il avait affronté trois adversaires en même temps sur le ring. Il n'avait aucune chance, pourtant il avait laissé les trois types inconscients à ses pieds et souri de toutes ses dents. Lopez était né pour se battre.

Il frappa à nouveau. Nailer bondit en arrière.

*Concentre-toi.*

Lopez revint à la charge. Nailer échappa de justesse à la machette en glissant. Son père le percuta. Le poignard de Nailer lui échappa et vola dans le couloir, mais le garçon parvint à se sortir de la poigne de son père et se précipita dans le couloir. Lopez ricana.

— Tu ne peux pas t'en sortir aussi facilement.

Au bord de la panique, Nailer chercha en vain son couteau dans la pénombre. Il abandonna et se mit à courir. Lopez le poursuivait en riant. Nailer se jeta dans la salle des machines. À la lueur des lampes d'urgence, il fouilla la pièce à la recherche d'un outil qu'il pourrait utiliser comme une arme. Son père jaillit derrière lui.

— Eh bien, t'es glissant comme une anguille.

Pas même un tournevis ne traînait, l'équipage du *Pole Star* était ordonné. Nailer arracha un panneau de maintenance et le lança, mais Lopez l'évita facilement.

— C'est tout ce que tu peux faire ? railla-t-il.

Nailer attrapa un autre panneau puis leva les yeux. Un mur entier de moteurs et de systèmes hydrauliques le surplombait : le sol originel de la salle des machines. S'il y grimpait, il pourrait se réfugier dans le puits de maintenance.

Il se jeta sur le mur de machines et l'escalada. En se couchant sur le flanc, le clipper avait ouvert de nombreux panneaux devenus autant de prises et de points d'appui. En grimpant, il examinait les fentes entre les panneaux. Aucune n'était assez large pour qu'il s'y faufile, il en aurait sangloté de désespoir.

— Où penses-tu aller, mon garçon ?

Nailer ne répondit pas. Il débloqua le verrou d'un panneau de maintenance, l'arracha et le jeta vers son père, ratant sa cible une nouvelle fois. Lopez le regardait, déconcerté.

— Tu crois que je ne peux pas te suivre et t'attraper ? Dire que je pensais que tu étais un garçon intelligent !

Nailer se hissa plus haut. Son père reprit :

— Pourquoi ne redescends-tu pas pour mourir comme un homme ? Ce serait tellement plus facile pour nous deux.

Nailer cracha :

— Viens me chercher si ça te chante.

Il libéra un autre panneau. S'il pouvait amener son père à grimper, il pourrait lui laisser tomber ce truc sur la tête.

— Comme tu veux, fils. J'ai essayé d'être gentil.

Lopez trouva une prise puis une autre. La machette limitait ses mouvements. Malgré tout, il était horriblement rapide.

Nailer laissa tomber le panneau. Un instant, il crut que celui-ci allait atteindre son père, mais le bateau tangua à nouveau et le panneau passa à côté de Lopez, qui n'en fut pas le moins du monde impressionné.

— Tu n'es pas si chanceux, finalement.

Aussi rapide qu'une araignée, Lopez continua à s'élever.

Nailer aussi, mais il n'y avait pas d'issue. Il s'accrocha à une énorme roue et regarda vers le bas. Il était coincé. La machette de Lopez décrivit un arc de cercle, Nailer releva les jambes à toute vitesse, la lame cogna l'acier.

Une LED clignotante attira le regard du garçon. Il se tourna vers lui et sentit une bouffée d'espoir. Sur le tableau de contrôle, il lut l'étiquette familière. CONTRÔLE DES FOILS. ÉLOIGNEZ LES MAINS ET LES VÊTEMENTS AMPLES.

Comme Knot l'avait fait sous ses yeux à une époque qui lui semblait très lointaine, Nailer frappa le levier de déclenchement et enfonça le bouton de contrôle. Il baissa les yeux vers son père.

— Laisse-moi partir, papa. Laisse-moi partir avec Nita.

— Pas cette fois, fils.

Lopez attrapa sa cheville.

Nailer adressa une prière au Destin, agrippa le levier et se laissa tomber.

Le hurlement des machines envahit la pièce.

# Chapitre 24

Nailer se réceptionna mal. Une de ses chevilles explosa de douleur. Les machines se turent brusquement. Il leva les yeux. Son père pendait, la moitié de son corps avalée par le mécanisme des hydrofoils. Du sang plein la bouche, il tentait d'extraire un bras et une jambe de la machine.

— Putain ! jura-t-il.

À l'évidence, il n'en revenait pas, mais il s'efforçait de se libérer. Nailer avait la chair de poule. Aspiré par les roues de la machine, son père devrait être mort, mais il luttait encore. Stimulé par les amphétamines, défoncé, il ne comprenait pas ce qui lui arrivait. Pendant un instant terrible, Nailer redouta que son père survive, qu'il se libère et se jette à nouveau sur lui.

Lopez baissa le regard vers lui.

— Viens ici, mon garçon.

Nailer secoua la tête et recula. La main libre de Lopez s'éleva vers le moteur.

— Qu'est-ce que tu as fait, putain ? (Il fixait les roues du mécanisme et le sang qui les recouvrait, presque noir sous la lumière des LED.) J'ai pas fini, dit-il en se penchant vers Nailer. J'ai pas fini, bordel !

Mais sa voix était déjà faible. Nailer regardait l'homme qui l'avait terrorisé toute sa vie et, soudain, il lui sembla différent. Ce n'était plus le monstre rapide et dangereux qui l'avait maltraité. C'était quelqu'un d'autre, vulnérable et minable.

— Allez, Lucky Boy. Nous sommes du même sang. Aide-moi. (Il tenta de tendre sa main vers Nailer, tenta de sourire, lécha ses lèvres ensanglantées.) S'il te plaît. (Puis, plus doucement :) Je suis désolé.

Tout le corps de Nailer tremblait de dégoût. Il accorda un dernier regard à son père et se détourna, boitillant vers l'endroit où Lucky Girl l'attendait, ligotée.

Il buta contre elle devant la porte et faillit hurler avant de la reconnaître. Elle lui tendit le poignard qu'il avait perdu.

— Merci pour le couteau, dit-elle. Où est…

Elle déglutit.

Nailer la tira, la traînant presque.

— Viens !

Il la força à courir dans la coursive, s'attendant presque à ce que son père le rappelle.

— Où allons-nous ? demanda-t-elle, pantelante.

— Il faut sortir de là.

Il la guida jusqu'à une échelle qui menait vers les ponts supérieurs. Alors, encore, le bateau frémit et roula. Le grand mât s'était rompu. Le clipper s'était complètement retourné. Gagner le pont signifiait plonger dans la mer.

— Le bateau est à l'envers, annonça-t-il. On ne peut pas descendre.

Il regarda dans le puits. Celui-ci était déjà rempli d'eau. Le pont inférieur devait être totalement inondé.

— Peut-on nager pour sortir ? demanda-t-elle.

— Pas dans le noir. Pas à l'aveuglette. (L'eau montait.) On est en train de sombrer.

Le désespoir s'emparait de lui.

— Alors il faut monter, non ? (Nita le secoua.) Non ? On monte ! (Elle lui prit un bras.) Viens ! Il faut qu'on trouve le moyen d'atteindre le fond du bateau.

— Qu'est-ce que tu cherches ? l'interrogea-t-il.

— Le bateau est en train de couler, n'est-ce pas ? L'eau entre forcément quelque part. Il y a donc un trou dans la coque.

Nailer hocha la tête, il avait compris. Il l'arrêta et l'entraîna dans une autre direction.

— La cale, dit-il. C'est par là.

— Comment tu le sais ?

— Je suis ferrailleur. (Nailer éclata de rire.) À force de désosser des bateaux, on finit par les comprendre.

Le long du plafond, ils traversèrent une coursive, grimpèrent une échelle, coururent sur le plafond d'un autre couloir.

— Là ! (Il sourit en voyant l'échelle de coupée qui menait à l'endroit où l'équipage avait tenté de sceller la coque.) Prépare-toi.

Il planta son couteau de combat dans un joint.

— À quoi ?

— Beaucoup d'eau.

Nita agrippa une fixation en bronze d'une main et la ceinture de Nailer de l'autre.

— Je suis prête.

Nailer déchira la membrane dont les marins s'étaient servis pour colmater la coque dans l'espoir de sauver le bateau. La matière élastique se fendit. L'eau se déversa brutalement, les précipitant contre un mur. Nailer agrippa Nita. Rapidement, le flux ralentit pour n'être plus qu'un ruissellement. C'était moins impressionnant que ce qu'ils avaient redouté. L'eau avait dû s'engouffrer dans le bateau à d'autres endroits. Nailer se précipita vers le trou.

— Par ici.

— Comment m'as-tu trouvée ? l'interrogea Nita en le suivant. Aux Orleans, quand ils m'ont attrapée, j'ai cru que j'étais foutue.

— Le capitaine Candless… (Nailer s'interrompit, se remémorant le sang qui avait jailli quand le capitaine était tombé sous le tir ennemi.) Il avait une idée de la manière de te retrouver.

— Et tu l'as suivi ?

Nailer sourit.

— C'était idiot, hein ?

Elle éclata de rire.

— Plutôt, oui.

Ils se frayèrent un passage dans les débris de la cargaison pour gagner les portes qui se trouvaient à présent au plafond. Finalement, ils atteignirent la soute. Au-dessus d'eux, un éclair révéla un trou dans la coque. Une déchirure inégale dans la fibre carbone qui surplombait un autre trou, témoin de la sagacité de Nailer. Une vague frappa le bateau et l'eau de mer cascada à travers les ouvertures, inondant les caisses et l'équipement en désordre. Nailer plissa les yeux pour étudier la coque déchirée qu'un autre éclair illumina. C'était moins un trou qu'une fente. Et elle se situait bien trop haut.

Nita lui attrapa le bras.

— Les caisses ! dit-elle. Il suffit de les entasser.

Elle en saisit une et la traîna sous le trou. Nailer se précipita pour l'aider. Ils travaillaient fiévreusement. Certains conteneurs étaient trop lourds pour être déplacés par une personne seule, d'autres impossibles à bouger. Nailer haletait sous l'effort, sa cheville le faisait terriblement souffrir. Régulièrement, ils prenaient une douche d'eau salée, mais une vague beaucoup plus grosse que les autres inonda la soute et faillit faire tomber Nita de son perchoir en haut de leur tour de fortune.

— On coule ! hurla Nailer pour se faire entendre dans la tempête.

Nita évalua la distance entre le trou et elle.

— Je crois qu'on est assez haut. En sautant…

— Alors saute !

— Et toi ?

— Ma cheville ne tiendra peut-être pas. Sors la première et tends-moi la main.

Nita s'accroupit, se balançant en haut de la pile, et se détendit d'un coup vers le haut. Une vague s'écrasa contre elle, mais elle se cramponna à l'entrée du trou et réussit à se hisser hors de la soute. Nailer grimpa du mieux qu'il put. Les caisses s'étaient déplacées et sa cheville n'était plus que douleur. Il n'allait pas pouvoir sauter.

Le visage de Nita apparut par l'ouverture. Elle tendit la main.

— Vite !

Il s'accroupit. *Ignore la douleur*, s'admonesta-t-il, *contente-toi de sauter !* Il inspira profondément et se propulsa vers le haut. Sa cheville explosa. Ses doigts agrippèrent la déchirure dans la coque, glissèrent, mais Nita attrapa son poignet.

— Tiens bon !

Une vague les frappa. Nailer se balança, toussa, cracha de l'eau de mer. Une autre vague le balaya.

Les doigts de Nita glissaient sur le poignet de Nailer.

— Je ne peux pas te tirer, hurla-t-elle.

*Réveille-toi*, se fustigea-t-il. *Tu vas finir par tomber et te rompre le cou. Tu n'as pas fait tout ça pour te noyer dans le noir !*

Mais il était tellement fatigué.

— Secoue-toi, Nailer, hurla Lucky Girl. Tu crois peut-être que je vais te sauver les miches comme une foutue rupine ?

Nailer faillit éclater de rire. Il raccrocha le rebord et se hissa lentement par le trou. Nita l'attrapa sous les bras, tira sur sa chemise, le hissa. Nailer trouva une autre prise sur la coque. Une vague les recouvrit, mais il y était préparé et ne la laissa pas l'emporter. Avec l'aide de Nita, il fit passer ses jambes et se retrouva, haletant, sur la coque.

La pluie battait la fibre carbone. Nita était allongée près de lui, ses cheveux noirs pendaient comme des serpents épais sur son visage. Un éclair déchira l'obscurité, aveuglant. La pluie redoublait. Cent mètres plus loin, le *Dauntless* à l'ancre luttait contre la tempête.

— C'est lui qu'on rejoint, dit Nailer.

— Quoi ? Pas de taxi ?

Malgré lui, il sourit.

— Vous autres rupins, vous cherchez toujours la facilité.

— Ouais. (Sa voix se fit grave.) Nager ou mourir, c'est ça ?

— À peu près, oui.

Elle plissa les yeux.

— Ce n'est pas très loin. On peut le faire.

Elle se débarrassa de ses chaussures, attendit qu'une vague les submerge et plongea, se laissant entraîner par le déferlement. Elle dansait dans l'eau comme un poisson. Se souvenant de la noyade du capitaine du *Pole Star*, Nailer adressa une prière au Destin et suivit Nita.

La mer l'avala dans un rugissement. Chaque fois qu'il battait des pieds, sa cheville l'élançait d'une douleur atroce. Il nageait désespérément vers ce qu'il pensait être la surface. Le mouvement des vagues l'aspirait vers le fond. Il résista de toute la force de ses bras et sortit la tête de l'eau, le temps de gorger ses poumons d'air. Une autre vague l'entraîna vers le fond. De nouveau, il lutta pour se libérer des profondeurs affamées et refit surface, toussant et crachant. Inspira en haletant. Battit des pieds et grimaça de douleur.

— Laisse-toi flotter ! hurla Nita. Laisse le courant te porter. (Elle chevauchait les vagues à côté de lui. Quand une d'entre elles la recouvrit, elle plongea et revint à la surface.) Ne lutte pas !

Elle nagea jusqu'à lui, lui maintint la tête hors de l'eau, l'aida à flotter. Il fut surpris de voir un sourire sur ses lèvres.

Petit à petit, il prit le rythme des vagues. Ils avaient quitté les Dents, ils étaient sortis du tourbillon, le courant les entraînait dans la bonne direction.

Le *Dauntless* se retrouva au-dessus d'eux.

Des bouées de sauvetage s'écrasèrent près d'eux dans la houle. Nailer se demanda qui contrôlait le bateau et décida qu'il s'en fichait. Lucky Girl et lui se précipitèrent vers les cordes, le salut.

# Chapitre 25

— Tuer a un prix, toujours.

La mère de Pima était assise à côté de lui, tous deux regardaient la mer. Nailer lui avait raconté ce qui s'était passé sur le *Pole Star*. Il avait pleuré, surpris par ses propres larmes, puis elles s'étaient taries, d'un coup. À présent, il ne ressentait plus qu'un vide étrange sous ses côtes, un vide qui refusait de se combler.

— Il était mauvais, reprit Sadna. Je ne dis pas ça de grand monde mais Lopez semait le malheur.

— Ouais, acquiesça Nailer.

Il ne se sentait pas mieux pour autant. Son père avait été aussi dément que destructeur et, comme le disait Sadna, carrément mauvais. Mais, maintenant qu'il était mort, Nailer se souvenait d'autres moments, quand Lopez n'était pas déchiré, quand il riait aux blagues, quand il faisait griller un cochon sur la plage. Les bons moments. Quand Nailer se sentait en sécurité, son père souriant, racontant des histoires de Lucky strikes.

— Il n'était pas que mauvais, dit-il.

— Non. (Sadna secoua la tête.) Mais il n'avait rien de bon. Pas à la fin. Plus depuis longtemps.

— Je sais ça. Il m'aurait tué si je ne l'avais pas tué moi-même.

— Qu'est-ce qui te fait penser qu'un singe à cambouis dans ton genre a une chance avec une fille comme elle ?

— Ça me dépasse. (Nailer regarda Pima du coin de l'œil et sourit.) J'aurai peut-être de la chance.

— Ah ouais ? (Pima l'attrapa par les épaules.) Tu crois ça ?

Elle tenta de le basculer dans le sable mais il roula hors de sa portée et courut vers la plage en riant, poursuivi par Pima.

Dans la baie, le *Dauntless* attendait. Au-delà, l'eau bleue s'étendait jusqu'à l'horizon, la mer l'appelait.

## Remerciements

Même si mon nom est sur la couverture de *Ferrailleurs des mers*, j'ai une dette envers un certain nombre de personnes pour leur aide et leur inspiration. L'équipe de l'atelier d'écriture Blue Heaven : Greg van Eekhout, Sarah Prineas, Jenn Reese, Cat Valente, Sandra MacDonald, Deb Coates, Paul Melko et Daryl Gregory qui m'ont donné des conseils précieux, et particulièrement mes premiers lecteurs, Sarah Castle – qui en sait bien trop sur la noyade dans le pétrole – et Tobias Buckell qui m'a apporté de nombreux conseils techniques. Je tire aussi mon chapeau à Charles Coleman (C.C.) Finlay pour avoir créé Blue Heaven et m'avoir invité à faire partie de sa communauté d'écriture. Je doute que *Ferrailleurs des mers* ait pu exister sans cela. J'ai une immense dette envers ma femme, Anjula, qui continue à soutenir cette folie d'écriture, même quand je doute. Et finalement, je dois remercier mon père, Tod Bacigalupi. Il m'a présenté aux merveilles de la science fiction quand j'étais enfant, ce qui a changé ma vie.

Tout échec, erreur ou omission dans ce roman ne sont que de mon fait.

J'AI LU

10819

*Composition*
NORD COMPO

*Achevé d'imprimer en Slovaquie*
*par* NOVOPRINT SLK
*le 6 mars 2018*

1er dépôt légal dans la collection : juillet 2014
EAN 9782290085769
OTP L21EPGN000554G002

Éditions J'ai lu
87, quai Panhard-et-Levassor, 75013 Paris
*Diffusion France et étranger : Flammarion*